茶书

如何轻松识茶、泡茶、品茶

告诉你关于茶的一切

日本茶·中国茶·红茶

健康茶·花草茶

（日）大森正司 著

王春梅 译

辽宁科学技术出版社
LIAONING SCIENCE AND TECHNOLOGY PUBLISHING HOUSE

篇首语

　　说到茶饮（就是我们说的喝茶），是指蕴含在茶树等植物中的成分，被提取到热水中饮用的饮品。研究结果显示，茶饮中的成分对健康有显著的益处。所以现在茶饮作为"天然的健康饮品"而广受关注。

　　但其实，茶饮的益处可不仅仅对健康有益而已。喝茶，总也不会令人生腻，这应该是因为茶的味道和香气里包含着能治愈身心的魅力吧。工作间隙中品一杯淡雅的茶、来一个深呼吸，自然而然就能重整旗鼓啦。或者，与他人共享一壶好茶时，就连谈话内容都会变得轻松，心灵深处总能感受到充实的力量。

　　近年来，学校里也好，社会中也罢，总能遇见一些频频暴怒的青少年，或者因为抑郁症而烦恼的人。其实，对于这些难以解决的

Japanese Tea

Black Tea

社会问题来说，茶饮可能正是难得的妙药。从前的日本家庭中，必然会择一隅空间当成饮茶室。当然，现代生活中，并非人人都会特意设计出饮茶室的空间。但是我们可以尝试着体会身处"饮茶室"的心情，悠悠然地与一壶好茶共度休闲时光。对于现代人来说，这难道不是非常难能可贵的吗？

只要掌握小小的窍门，谁都可以泡出美味的茶水。如果各位读者能在本书中再次确认这些小窍门，然后更加轻松愉快地享受品茶时光，就再好不过啦！

大森正司

Chinese Tea

Healthy Tea

目录 Contents

专栏 4

想了解更多的健康茶

工作人员

◎ 装订·LOGO制作 ········藤田大督
◎ 摄影 ················小塚恭子
◎ 排版 ················小野寺佑子
◎ 设计 ················结城繁
◎ 执笔协助 ···········山上樱 刀根由香
◎ 正文设计 ···········佐野裕美子 菅家惠美
◎ DTP ··············NISHI工艺株式会社
◎ 编辑制作 ··········株式会社 童梦

请务必仔细阅读

本书中针对身心状态介绍了系列健康茶和花草茶,但健康茶和花草茶毕竟不是药物,饮用的时候,请务必仔细阅读商品说明书。特别是孕妇、重病及慢性病的患者,请务必提前征求医生的意见,确认茶饮与正在服用的药物或自身健康状态有无冲突。另外,即使您身体健康,但如果在饮茶时感到身体异常时,请立即停止饮用。

日本茶

Japanese Tea

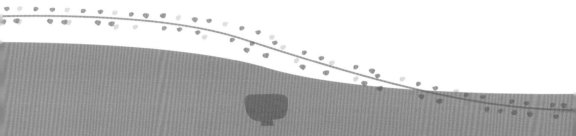

日本茶，是我们生活中的常见饮品，也是
日常生活中不可缺少的一部分。但令人意
外的是，很多人都会有"其实，不是很了
解茶叶的种类和泡茶的具体方法"这样的
疑虑。好像事到如今，如此简单的问题有
点难以启齿，那么我们就在这里一一解决
吧。然后，是不是就能更轻松地享受饮茶
时光了呢？

通过日本茶提高免疫力

就像俗语讲的那样，"早起一杯茶，福运滚滚来"。
从古时候开始，人们就认为良好的饮茶习惯会带来满满的福报。
现在，我们更是通过科学手段证明了日本茶中含有提高免疫力、
防止肌肤老化等对人体有益的成分。日本茶可谓天然的健康饮品。
让我们一起来看看如此厉害的日本茶的成分与功效吧。

日本茶的成分

 β－胡萝卜素

β－胡萝卜素被身体吸收
后，会转变成维生素 A。日
本茶中的 β－胡萝卜素含量
约为胡萝卜的 10 倍。

 维生素 C

含量为菠菜的 3~4 倍。

维生素 E

含量约为菠菜的 20 倍。

 钾

矿物质的一种，有利尿作用。
能针对便秘、水肿等问题发
挥缓解症状的作用。

 丹宁

决定茶叶涩味及颜色的成
分。我们常说的日本茶成分
之一的"儿茶酸"就是一种
丹宁。具备抗菌作用和抗氧
化作用。

 咖啡因

决定苦味的成分。具备刺激
大脑活动、唤醒活力、缓解
疲劳的作用。

 茶氨酸

氨基酸的一种，决定香味的
成分。具备镇静、缓解紧张
情绪的作用。

儿茶酸锁定各种细菌和病毒

众所周知，儿茶酸具备抗菌、抗病毒等功效。同时，作为丹宁的一种，儿茶酸在日本茶——特别是煎茶中的含量很大。另外，对引发老化、诱发癌细胞的活性氧化剂还具有祛除（抗氧化作用）作用。饮用日本茶能够防止细菌与病毒侵入体内，对感冒等生活习惯病也有预防作用。预防感冒时不仅饮用日本茶，用来漱口也是很有效的。

预防虫牙与口臭

日本茶中含有的儿茶酸、黄酮类黄酮、氟等具有抗氧化及吸收作用，对预防虫牙很有效果。日本茶同时还有消臭作用，餐中、餐后饮用，具有护理口腔的功效。

含有丰富的维生素，还能美容，防止皮肤老化

日本茶含有丰富的维生素 A、维生素 C 和维生素 E。任何一种都具有抗氧化作用，具有很好的美容效果。维生素 A 能够保护皮肤的健康；维生素 C 具有预防雀斑、褐斑的功效；维生素 E 可以使血液更流畅，从而防止皮肤老化。

特别是维生素 C，在蔬菜水果中含量很高的维生素 C，由于耐热弱，不适合加热。但日本茶中的维生素 C 耐热性强，温热的茶饮中更能发挥功效。这些维生素在煎茶及抹茶中含量很高。

咖啡因缓解疲劳

日本茶也适合工作、运动时的水分补充。最适合的是日本茶中咖啡因含量较高的煎茶和番茶。咖啡因能刺激中枢神经缓解疲劳，同时儿茶酸能够燃脂，所以在运动的时候喝茶，也可以获得一定的减肥效果。

咖啡因还有促进血液循环的作用，早上喝一杯茶能提神，对于低血压的预防以及改善肩膀酸痛都有效果。

丹宁和茶的香气使人放松

想要放松的时候推荐饮用丹宁含量高的抹茶、玉露、煎茶，通过丹宁的作用来缓解紧张。同时，日本茶香气中含有的"青叶酒精"及"青叶醛"也具有放松神经的作用。感觉到累的时候，感受着茶的香气让心情放松下来吧。

适合日本茶的茶点

茶是对身体有益的饮品，但其魅力不仅于此。

通过喝茶能让心情得到放松，沟通的圈子更加广阔，"作用于心"才是茶的魅力。

而且，再配上与茶可以完美搭配的茶点，将是效果倍增。

找到喜欢的茶点，让喝茶的时间更美妙吧。

茶与茶点可随意组合

除了正式的茶席外，茶与茶点的搭配没有特殊的限制。不仅是经典搭配，时不时也可以尝试一下让人意想不到的搭配。

根据茶的种类（参考p.14~17）掌握其各自特征，可以作为搭配的参考。让香气纤细的茶的风味能够被激活的茶点，味道浓重的茶点搭配清爽的茶等各种搭配都可以尝试。

干点心
落雁或仙贝等干点心作为经典会出现在茶席（参考p.13）上。与抹茶的配合是一流的，也推荐搭配上等的玉露。

生果子
烤金团等生果子最适合高级煎茶或抹茶。另外，回味悠长的玉露也可以尝试搭配一下。

大福

试一下让充满豆馅的大福与香醇的玄米茶搭配。也推荐可以搭配多喝一点的番茶。

挂汁年糕

推荐搭配煎茶。另外也可以尝试搭配芽茶，甜辣的挂汁年糕与芽茶的畅快感非常适合。

花林糖

油炸的酥脆感与回味甘甜的黑糖，和烘焙茶或玄米茶最搭，口感轻微的茶让口腔感到清爽。

11

带馅的点心

包馅料的和果子最适合与煎茶、
抹茶、玉露来搭配。特别是煎茶，
馅料的甜与煎茶的香味、涩味能
达到绝妙的平衡，是经典组合。

和风曲奇

不论和风洋风，烤制的点心都适
合与香醇的烘焙茶、玄米茶搭配。
烘焙茶、玄米茶与膨化零食也很
适合，可以试试。

巧克力

巧克力可以用来搭配一下烘焙
茶、壶香茶，巧克力作为主角，
在烘焙茶、壶香茶的作用下更有
回味。

冰淇淋

冰凉的冰淇淋一定要搭配温热的烘焙茶，烘焙茶让冰爽的身体回暖，非常舒服。另外，抹茶和冰淇淋也是绝佳组合。

切块蛋糕

切块蛋糕被认为是最适合女性的西点。西点与日本茶搭配，可以带来意想不到的惊喜。西点上充足的鲜奶油推荐与浓厚的深蒸的煎茶搭配。

可以摆上茶席的主点心、干点心

　　根据其做法，抹茶也能用来招呼客人。被用来招呼客人的时候，可以称之为"茶汤"。茶汤分为浓茶和淡茶（请参考 p.38）。正式的场合中，浓茶可以搭配小馒头、羊肝羹等"主点心"；而淡茶则搭配落雁或仙贝等"干点心"。

　　在饮茶之前，要品尝茶点。请不要过多犹豫，按照礼节，应该在摆出茶点之后马上食用。茶点上乘的甘甜，能烘托出稍后品尝的抹茶的清香。

　　与茶汤配套、用来招呼客人的茶点，应该洋溢出季节的色彩。所以茶点的形状、色彩和味道全部精致而优美。色香味俱全的茶点，能让饮茶时光锦上添花。

日本茶的种类

在日本生产的茶基本上都是绿茶，
虽然都是一样叫绿茶，根据使用叶的部分还是茎的部分、
是炒制还是蒸制，栽培方法、采摘时机、制作工艺等不同，
有着各式各样的风味。在这里，我们一起来确认一下日本茶的种类。

煎茶

消费量占八成，日本茶的经典

煎茶是摘下来的茶叶经过蒸制停止发酵，揉搓后制成的茶。是甜味和涩味达到平衡，同时带有清新的香气，占日本茶消费量的八成。

煎茶中，5月初的八十八夜采摘的新芽制成的新茶气味清新。另外，比普通的煎茶花更长的时间进行蒸制的深蒸煎茶口味更加甘甜浓厚。

一般的煎茶是新茶摘下后的二番茶。茶叶的颜色为深绿色，像细针一样，色泽 * 为清澈的黄绿色。

京都的京番茶、冈山的美作番茶等，各地有不同的制作方法及饮用方法，色泽比煎茶要淡，口感轻柔。

番茶

多喝也不会觉得腻的味道

番茶是用采摘煎茶后残留的叶子制成的茶。一种说法，晚采摘的茶，就是从"晚茶"转换的番茶，至今多指三番茶、四番茶。适合平时饮用且价格较低。回味悠长，含有氟素成分，在饭后饮用可以预防龋齿。

* 色泽：泡出的茶汤色泽。

烘焙茶

香气迷人易于饮用，对身体有益的茶

从煎茶用的茶叶中剔出来的茎，或等级低的煎茶、番茶等经过炒制而成，独特的香气是其特征。咖啡因及丹宁含量少，几乎没有苦味和涩味，对胃也有好处，可以多喝一些，生病的时候也是可以饮用的。在吃过油腻的食物和饮酒后饮用也非常适合。

茶叶的大小一致、颜色均衡，色泽呈褐色。饮用前自己再炒制一下，香气会更加浓郁。

色泽根据与玄米混合的茶的种类的变化而变化，一般为黄绿色。因为最近有混合抹茶的，所以也有颜色为较浓的深绿色。

玄米茶

玄米的香气会带来放松的效果

这是一种将蒸制的玄米经过翻炒混合到煎茶或番茶中的调制茶。不同的商品中玄米和茶叶的比例不同，大家可以多试一试。它的香气被称作能使人得到放松。而且，特别是与煎茶混合的玄米茶含有更多的维生素 C，对美肤、治疗便秘、缓解压力等有值得期待的效果。因为咖啡因含量少，孕妇也可以安心地饮用。

玉露

特别的栽培方式做成的美味的绿茶

仅使用高品质的茶树的茶叶来生产的最高级的绿茶。玉露用的茶叶称作"被覆"。新芽在张开 2 ～ 3 片的时候盖上麦秆，大约 20 天避免阳光直射。这样就可以获得浓绿色柔软的叶子，从而诞生出玉露独特的风味。

茶叶纤细，有光泽的绿色，色泽为具有透明感的淡黄绿色，用较低温度的热水冲泡后，有一种润滑的甘甜。

抹茶

含有浓浓香味的奢侈茶

和玉露相同，通过避开阳光直射来栽培的茶叶，蒸制干燥后，用臼研磨就是抹茶。连茶叶一起喝下去的抹茶，维生素 C、维生素 E 和维生素 A 等营养成分能够被充分摄取，最近作为有利于美容的茶而被关注。

抹茶是粉末状，颜色艳。在茶叶中注入热水用茶签绞出泡沫。色泽因为热水与茶叶的混而变成翠绿色。

色泽清淡，香气清新。使用温度高的热水，更能体验香气。茶柱直立着，寓意也很好。

茎茶

具独特的清爽香气

煎茶或玉露的制作过程中，将不使用的茎的部分集中起来的茶，根据其形状也被称为"棒茶"。特别是用玉露的茎制成的茶是其中的高级品。不同于煎茶等绿茶，而具有其独特的清爽的味道。

芽茶

推荐给喜欢苦味和涩味的人

芽茶是在制作煎茶或玉露的过程中没有被使用的芽的部分。口味相对较浓厚。因为苦涩味较强，最适合提神醒脑。在玻璃茶壶中看着团在一起的茶叶慢慢展开是非常有趣的。

因为茶叶细小且团在一起，加入热水后会慢慢展开。色泽是较浓的黄色，很香，可以多次加水冲泡。

可以喝的轻轻松松就

粉茶

使口腔清爽的浓厚感

在制作煎茶或玉露的过程中用筛子筛出来的纤细的粉末收集而来的茶，寿司店里被用来作餐后清口。在短时间内就可以将茶的成分溶解出来，且茶叶的有效成分直接能够被摄取是它的特征。

茶叶为粉状，加入热水后马上可以释放出浓郁的茶香，色泽是鲜艳的深绿色，回味清爽。

粉末茶

溶解在水中饮用或做菜使用

这是将煎茶加工成粉末状的茶，不需要使用茶壶，魅力在于热水、冷水简单溶解后可以直接饮用。没有茶根残留，所以也不需要清洗，很方便。加入到牛奶中或作为美食及糕点的材料都可以随便使用。

冲泡好喝的日本茶的器具

只需要注意自己手头的茶壶大小和使用热水的量，
就可以冲泡出比平时更好喝的茶饮。
不需要准备特别的器具，但如有田烧、九谷烧、荻烧等具有日本特色的
陶瓷文化的器物，慢慢收藏起来也会趣味横生。

水壶
什么样的水壶都可以，没有水壶的话用锅也行。将自来水煮沸后使用是最重要的。（p.20）

公道杯
玉露或煎茶冲泡时用来冷却热水的。用茶碗或茶壶代替也可。

1	**2**	**3**
烧开水	凉水	称量茶叶

茶匙   茶勺

茶匙
根据茶桶或茶的种类来选择材质和样式即可，没有专用的也可以用普通茶勺替代。

在饮用抹茶时

抹茶，不称为冲泡而是称为"打发"。打发抹茶是指加入热水后混合打出泡沫来，这样就要使用到竹茶刷。茶刷先端的穗60～160根不等，一般来说穗少的用作浓茶，穗多的用作淡茶（p.38）

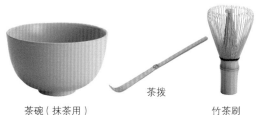

茶碗（抹茶用）   茶拨   竹茶刷

茶壶（急需）

一般来说，玉露或煎茶等需要用较低温度的热水来提取茶的味道时，使用小的茶壶。而烘焙茶、番茶、玄米茶基本需要用开水快速冲泡。但并不是说需要收集各种大小的茶壶才能泡出好的茶，大的茶壶控制水量，小的加入足够的水即可。

选择茶壶时

茶壶的形状、材质、花纹等种类繁多。找到一款喜欢的，泡茶时能更加体验其中的乐趣，在这里主要讲一下使用方面的要点。

加入热水后会变重，选择便于抓握的握把。

出水口便于向茶碗中加水，且便于沥水的。

盖子严实的。

内侧带有隔网的茶壶，要确认孔洞能不能拦住细小的茶根。

小号茶壶

小号的适合玉露、煎茶、茎茶等。

普通大小茶壶

容量在 200 ~ 300mL，相对适合冲泡任何茶种，这样的一个茶壶可以视为宝贝了。

稍大的茶壶

稍大的茶壶适合烘焙茶、番茶、玄米茶，这类茶需要高温热水，推荐使用厚壁的。

4
萃取

5
倒茶

6
饮用

滤茶网

就算没有茶壶，有滤茶网就可以滤掉茶根，需要冲泡芽茶或粉茶等细小的茶叶时，选择细小孔的滤茶网就可以了。

茶碗

材质有瓷制和陶制的，颜色、形状、大小也多种多样。我们选择适合拿在手中的即可。特别是饮用玉露时，小一些的茶碗是必要的。

小而薄的茶碗

玉露煎茶适合小而薄的茶碗，因为使用低温的热水，所以薄壁茶碗也不会烫手，内侧白色的浅一些的陶瓷制品可以体会到香气与色泽的特别之处。

稍显圆润的厚壁茶碗

番茶、烘焙茶、玄米茶等比较适合使用大一点的茶碗，使用较高温度的水，所以推荐使用厚壁的。筒状且有一定的深度，里面的茶也不会很快变凉。

带盖的茶碗

招待客人或特别的场合需要使用带盖的茶碗，同时还要选择配合茶碗的茶托。

好喝的日本茶的冲泡方法

泡茶的顺序是非常简单的。茶叶倒入热水，稍等片刻即可。
水、茶叶的量、热水的温度和量、
萃取时间等每一个条件都谨慎对待，就能够冲泡出更好喝的茶饮。
所以掌握了基本要领，就可以顺利地给客人端出香甜可口的茶饮了。

将软水加热沸腾后使用

要想冲泡出香溢的日本茶，适合用矿物质含量少、含有丰富空气的软水。不要考虑得过多，直接使用自来水就可以。但是自来水因为有漂白剂的味道，所以在沸腾后打开盖子，2～3分钟就可以使漂白剂的味道消失。煎茶、玉露等低水温冲泡时，也要沸腾一次后待水温下降后再使用。

将茶碗温一下备用

为了在倒茶时茶碗不凉，一定要将茶碗温一下，碗中的热水在茶水倒入前扔掉即可。

要点 3

注意茶叶的量、水的量与温度、萃取时间等

需要口感的煎茶、玉露等需要低温慢慢等待。需要香气的番茶、烘焙茶使用热水快速冲泡。日本茶根据种类有各自适合的冲泡方式。下面的表格中记录了茶叶的量、水的量与温度、萃取时间等，请参考。

对我们手中的茶壶容量不清楚时，使用量杯测一次并记下来。

要点 4

倒净最后一滴

给多数茶碗倒茶时，为了防止浓淡不均，要均匀地轮流分配，茶壶中剩余的茶水会有过分的苦味与杂味，所以要将最后一滴茶倒净。

茶叶量、热水量与温度、萃取时间的参考信息

茶叶的种类	茶碗数	茶叶的量	热水的量	热水温度	一杯当量的萃取时间
玉露	3 杯	10g	60mL	50℃	约 2 分 30 秒
煎茶	3 杯	6g	170mL	70℃	1 ~ 2 分
煎茶	3 杯	10g	430mL	80 ~ 90℃	约 1 分
深蒸煎茶	3 杯	6g	170mL	70 ~ 90℃	约 30 秒
茎茶、芽茶	3 杯	6g	390mL	90℃	约 40 秒
烘焙茶、番茶	5 杯	15g	650mL	开水	约 30 秒

第一章
日本茶

煎茶的冲泡方法

想要体会清香的口感，要用稍凉的热水慢慢泡。
喜欢涩一点的口感，用热的水泡短一点时间，可根据个人喜好调整。

参考高级煎茶70℃、普通煎茶80～90℃的标准

虽然都被称作煎茶，但是也分普通煎茶或高级煎茶、新茶或深蒸煎茶等很多种。根据茶的种类和个人喜好可以尝试变换冲泡方法。

原则上要获取香味和甜味时使用较低温度的热水，获取涩味、苦味的时候使用温度高的水冲泡。

例如，新茶高级煎茶使用70℃左右的低温水冲泡，能够获得独特的香味和甘味。但是普通煎茶使用低温的水，长时间冲泡也不会得到新茶高级煎茶一样的香甘味道。反过来，使用80～90℃的热水快速冲泡，即可获得煎茶本来的涩味和苦味。

多试几次，找出自己的喜好吧。

【2杯茶所需材料】
· 茶叶5g
· 热水140mL

【使用的器具】
· 茶壶
· 茶杯
· 公道杯（可以用茶碗代替）
· 热水壶

凉热水的参照

冲泡高级煎茶或玉露（p.30）时使用稍低温度的热水，但是刻意地去测量热水的温度很麻烦，这时就可以参考使用公道杯（p.18）一次翻倒会降低10℃的标准来调整水温。例如，刚烧开的热水从水壶倒入茶杯稍放置一下就会降至大约90℃，我们在温茶杯的过程热水就会下降约10℃。

1 温茶杯

将煮沸的水倒入茶杯约八分满。温茶杯的同时开水会慢慢地冷却。

2 开水冷却

将茶杯中的水倒入公道杯，进一步冷却，冲泡普通煎茶需要使用热一些的水的时候，这一步可以省略。

3 放入茶叶

在茶壶中放入茶叶，茶匙轻取一茶匙大约2g，大约是一杯茶的量。

4 茶壶中倒入热水

将公道杯中的水倒入茶壶，加盖后闷制，萃取时间高级煎茶 1 ~ 2 分钟，普通煎茶约 1 分钟即可。

5 倒茶

到了萃取时间，少量地平均地将茶倒入茶杯，倒入茶杯一半量的时候，将茶壶侧倾，让茶叶和热水再一次接触浸泡后继续倒出。

6 倒出最后一滴

将茶壶竖起来，倒出最后一滴。第 2 泡时，因为茶叶已经张开了，短时间即可萃取，所以不要等待，直接倒入茶杯。

番茶的冲泡方法

冲泡番茶的要领是将热水一下子倒入，
才能获得香气扑鼻的茶饮。

含有丰富的对身体有益的成分，身体状态不好时也适合饮用

口感清爽、性价比也很高的番茶，是日常很多场合都适合饮用的茶饮。不会对身体造成过多的负担，还含有维生素 C 等营养成分，老人和孕妇也可以安心饮用。

为了将其香气充分萃取出来，在装有茶叶的茶壶中，一次性注入热水。但是京都的家庭常见的京番茶，是将茶叶直接加入到烧开了水的热水壶中继续煮。茶叶没经过揉搓，通过日晒自然干燥的京番茶，只靠加入热水冲泡其成分无法获取。而且煮过一次的茶叶无法使用第二次。夏季在水壶中煮过后凉成凉茶更有一番滋味。

【2 杯茶所需材料】
· 茶叶 9g
· 热水 400mL

【使用的器具】
· 大茶壶
· 大茶杯
· 热水壶

要点

京番茶要用水壶来煮

京番茶最常见饮法是用水壶煮。首先在水壶中加入2L 水煮开，沸腾后加入两把茶叶，再次沸腾时关火，放置 10 ~ 15 分钟，用茶漏滤掉茶叶后倒入茶杯中饮用。

1 温茶杯

沸腾的开水倒入茶杯八分满温杯。

2 加入茶叶

稍大的茶壶中加入茶叶，2 杯大约需要 9g 茶叶。

3 茶壶中倒入热水

将煮沸的开水一次性倒入茶壶，萃取时间大约 30 秒，短时间快速倒入热水是要点。

4 倒茶

到时间后，将温茶杯的水倒掉，分别向茶杯中平均分配茶水，将最后一滴也倒出来。

烘焙茶的冲泡方法

香气弱了的话，放进炒锅中可以自己烘焙。
烘焙茶独特的朴素香气，可以净化身心。

香气悠长，口感舒适

将煎茶、番茶通过强火炒制成香气迷人的烘焙茶，香气是根本。基本上同番茶一样使用稍大的茶壶，将煮沸的热水一次性注入。

开水冲泡的茶，适合用厚一点的茶杯。做凉茶时使用水壶煮出来的比用热水冲泡出来的更能够获得香气。

茶叶一旦放置时间过久，香气会减弱，可以放入炒锅中轻轻炒制，就可以获得原有的香气。另外，煎茶和番茶也可以在炒锅中炒制，做出自家的烘焙茶。也有专门用于烘焙茶的器具，可以一试。烘焙茶的香气可以缓解紧张情绪，在睡前也可以饮用。

【2 杯茶所需材料】
· 茶叶 9g
· 热水 400mL

【使用的器具】
· 大茶壶
· 大茶杯
· 热水壶

要 点

试一下使用炒锅来做烘焙茶

1. 茶叶粉状的部分容易焦煳，所以用滤网将粉取出后备用。

2. 将茶叶加入炒锅中，用木制炒勺小火搅拌翻炒。

3. 烘焙 5 ~ 10 分钟，开始有香味，颜色变成褐色时就烘焙好了，盛到盘子里散去热气。

1 茶碗加温

将沸水倒入茶杯约八分满，温杯。

2 加入茶叶

在稍大的茶壶中加入茶叶，2 杯茶约 9g 茶叶。

3 将沸水倒入茶壶

煮沸的开水直接倒入茶壶，萃取时间约 30 秒，要点是短时间快速萃取。

4 倒茶

到了萃取时间后，倒掉温杯的热水，平均将茶水倒入每个杯子，请倒净最后一滴。

玄米茶的冲泡方法

跟玄米混合在一起的茶，无论是煎茶、番茶，还是加入了少量的抹茶……
轻松体验日本茶的独特配方。

发现自己喜好的配方

玄米茶，是用与茶叶一起炒过的玄米调和而成的。混入的茶叶种类多种多样，茶叶不同，味道也不同。各种配方都尝试一下，从中找出自己喜欢的口味，是体验玄米茶的一种乐趣。

煎茶也好，番茶也罢，或者加入少量的抹茶，基础茶叶的变化会带来各式各样的口味。另外，玄米使用糯米或糙米，糯米是比较香的一种。

为了萃取出玄米的香味，需要像番茶、烘焙茶一样用热开水一次性冲泡。其香气和口感受到大多数人的喜欢，最近已经出现市售的瓶装茶饮料了。

【2杯茶所需材料】
· 茶叶 9g
· 热水 400mL

【使用的器具】
· 大茶壶
· 大茶杯
· 热水壶

要　点

自己匹配玄米和茶的时候

玄米茶在很早以前是将正月的年糕捣碎炒制后与茶叶混在一起的。将年糕换成米，就成了现在的玄米茶。玄米茶的炒米在茶叶店虽然有售，但自己也可以尝试着挑战一下。玄米茶中还可以加入白色的像花一样的年糕花，在茶叶店也可以买到。

1 茶杯加温
将沸腾的热水倒入茶杯约八分满。

2 加入茶叶
将茶叶和炒过的玄米搅拌均匀，放入稍大号的茶壶中。两杯大约使用 9g 茶叶。

3 茶壶中加入热水
将煮沸的热水快速倒入茶壶中，萃取时间约 30 秒。要点是时间短、快速。

4 倒茶
到了萃取时间，将温杯的热水倒掉，将茶水均匀地倒入各个茶杯，倒净最后一滴。

29

玉露的冲泡方法

招待客人的时候，低温慢慢萃取，
沉稳的心情冲泡出甘香的茶水，那种优雅瞬间扩散开来。

冲泡好喝的要点是稍温的水

想要获得高级茶玉露的润滑的口感、上品的甘味，热水要仔细冷却后再使用。水的温度过高会使茶水出苦味，使用公道杯翻倒几次，尽快将水凉凉。50 ~ 60℃ 的水是比较合适的。最高级的玉露用50℃ 的水，一般的玉露推荐使用 60℃ 的水。在水温的基础上水量也很重要，一杯茶大概对应 20mL 水，少量品尝。

一杯茶水对应茶叶的量大概 3g，可以泡3 ~ 4 道。而且，剩余的茶根也可以食用，拌入酱油或香醋是很美味的。

【3 杯茶所需材料】
· 茶叶 10g
· 热水 60mL

【使用的器具】
· 小茶壶
· 小茶杯
· 公道杯（可以用茶碗代替）
· 热水壶

要点

倒出玉露茶汤后别忘了检查一下茶壶里面

如果茶壶底下的茶叶没有偏向哪一边，而是平平整整铺在壶底的，就说明茶叶充分舒展开了。请一定要亲口品尝一下这样的茶叶。放进小碟子里，点几滴香醋或酱油，妥妥的下酒菜。

1 给茶杯加热

将沸水倒入茶杯约八分满，这个水在泡茶前倒掉。

2 给茶壶加温

将沸水倒入茶壶中，给茶壶加热的同时冷却热水。

3 冷却热水

将茶壶中的水倒入公道杯进一步冷却，热水经过几次翻倒让温度尽快降低。

4 加入茶叶

在茶壶中加入茶叶，3杯大概使用10g茶叶。

5 将水加入茶壶

冷却好的水倒入茶壶，水能够让茶叶飘起来后加盖。萃取时间大约为2分钟。最高级的玉露约2分半钟。

6 倒茶

到时间后每个茶杯轮流倒入，将茶壶竖起来，将最后一滴也倒出来。二道茶使用稍高温的水，萃取时间大概一杯对应1分钟。

31

茎茶、芽茶的冲泡方法

茎茶和芽茶是利用制作煎茶或玉露时没有被使用的茎或芽来制成的。
根据其特点选择合适的冲泡方法，就可以获得自然的美味。

茎茶和芽茶使用高温的水，快速冲泡

在制作煎茶或玉露的过程中产生的茎收集起来制成的茎茶、芽茶，有很多种类。根据普通煎茶、烘焙茶、上级煎茶、玉露等茶叶的特性，口味和冲泡方式也不同，首先要掌握其特性。普通煎茶或烘焙茶基本上跟煎茶的方法一样，一般使用 70 ~ 90℃ 的热水，可以获得清香味和清爽的口感。玉露的制作工序中获得的"雁音茶"，使用公道杯将水凉至约 60℃ 冲泡，玉露的回甘和醇厚更为明显。特别是茎茶，氨基酸的含量不输于茶叶中氨基酸的含量，在低温度下，巧妙地萃取出来是获取美味的秘诀。

【3杯茶所需材料】
· 茶叶 6g
· 热水 400mL

【使用的器具】
· 茶壶
· 茶杯
· 热水壶

多种多样的茎茶

茎茶种类丰富，销售的时候也被冠以各种名称，如煎茶茎茶、玉露茎茶、茎烘焙茶、雁音茶棒茶等，虽容易混淆，但都是由茎的部分制成的茶。之所以被称作棒茶，是因为茶茎能直立起来。所以，不仅可以品尝其美味，同时使用没有滤网的茶壶冲泡，能够观察到茶柱慢慢直立的样子。

1　加温茶杯

将煮沸的热水加入茶杯约八分满。

2　加入茶叶

在茶壶中加入茶叶，3 杯用量约 6g。茎茶的茶叶体积大，用量要注意。

3　茶壶中注入热水

沸腾的热水冷却至 79 ～ 90℃，迅速倒入茶壶，萃取时间 1 ～ 2 分钟。

4　倒茶

到时间后，将茶杯中的热水倒掉，分别将茶水均匀分配，直到最后一滴。

第一章

日本茶

33

粉茶的冲泡方法

将茶放在滤网中，然后热水冲过之后，
就可以获得纯粹浓厚的粉茶，是非常简单的休闲茶饮。

短时间就能获得的美味，推荐忙碌的人饮用

粉茶作为在寿司店的"结束茶"，有较浓的苦味，回味中有容易上瘾的味道，配上鱼料理或生鱼片等腥臭味较强的料理时，可以清爽口腔。

短时间就可以饮用，所以不需要茶壶，可使用滤网直接在茶杯冲泡即可。选择稍大一点的茶杯，准备一个大小合适的滤网，放入茶叶，然后直接倒入热水就可以了，熏蒸的话会过分浓郁，需要注意。因为冲泡简单，非常适合顾客较多的饭店使用。

能够充分地摄取维生素 C、儿茶酸和氨基酸，所以也适合工作中饮用。

【2 杯茶所需材料】
· 茶叶 4g
· 热水 260mL

【使用的器具】
· 滤网
· 大茶杯
· 热水壶

 要点

粉茶或粉末茶做点心

使用粉茶或粉末茶还可以做饼干或小点心。这里简单说一下茶团子的做法。1. 将粉料倒入面盆中，揉至耳垂一样的软度。2. 将粉末茶加入到里面，整体变成漂亮的翠绿色时，做成适当大小的圆球，放入水中煮。3. 等漂浮上来后捞出，沥水后，配上豆沙或黄豆粉食用。

1 加入茶叶

沸腾的热水加入茶杯约八分满温杯，之后将水倒掉。将滤网放在茶杯上，加入茶叶，2杯茶约4g茶叶。

2 加入热水

将沸水快速倒入茶杯，这时候不要遗漏任何茶叶，边画圆边倒水让水能够接触到所有的茶叶。

3 倒出最后一滴

短时间快速是要点，加完水后马上将滤网拿起，同时稍稍上下抖动至最后一滴。

冷茶的泡法

制作冰绿茶有种做法是在加满冰的玻璃杯中倒入冲泡好的浓绿茶，这里我只介绍加水的做法。需要准备的只有500mL的空饮料瓶和茶叶。茶叶使用煎茶就可以。茶叶的量如果使用新茶或高级煎茶，大约用汤匙一匙，普通煎茶用一大匙即可。

1. 放入茶叶

空的饮料瓶中加入茶叶，用纸折出漏斗的形状，套在瓶口，茶也就不会撒出来。

2. 加水

在加入了茶叶的饮料瓶中加水，盖好盖子放入冰箱冷藏，约1小时就做好了。饮用时使用滤网过滤到茶杯即可。

奉茶的方法

掌握了美味茶饮的冲泡方法后，我们再来掌握一下给客人倒茶时的动作。
在这里，我们介绍配合茶点的方法。

面前左手是点心，右手是茶

给客人奉茶和点心的时候，要不失礼节并伴随着漂亮的动作。看着对方的状态，带着招待的感情将茶点奉上。在严肃的场合，用带盖子的茶碗配上茶点，一起给客人奉上。将茶和点心放在托盘里端出。为了确保茶水不洒在茶托里，将茶碗和茶托分开放。在客人面前，如果使用的是矮茶几，就要将托盘放在茶几下。如果是桌子的话，要将托盘放在离入口近的一侧的桌子一角，在托盘里将茶碗放在茶托上。给客人正式的奉茶应该从客人的右侧开始。

1 左手侧放点心
首先将点心放在客人的左手侧。

2 右手侧放茶
将茶托在右手手掌，茶碗有图案的要将图案转向客人，将茶放在客人的右手侧。

3 配上垫纸或竹签
从客人的角度来看，左边是点心，右边是茶碗。根据点心来匹配垫纸或竹签（牙签）。

饮茶的方法

做客的时候我们也要有好的饮茶礼节，为了更好地体验饮茶时光，我们来记住以下规则。

1 拿起茶碗盖

左手扶住茶托或茶碗，右手捏住碗盖的纽，静静地将碗盖打开，碗盖立起来在茶碗边缘，将碗盖里残留的水滴进茶碗中。

2 放下碗盖

将碗盖翻过来，像插进茶托和桌子之间一样放置。

被招待时用的是带盖子的茶碗

　　使用带盖子的茶碗饮茶时，一定不要将水滴滴在桌子上，饮茶的时候使用双手，饮茶时不能出声是基本的礼仪。最开始一口感受味道，之后香气，然后看着茶水的颜色文雅地品尝。

　　同时边聊天边小口地品尝茶饮和点心，对方拿出的是日式点心时，要使用竹签将点心切成一口大小品尝。

3 品茶

左手扶住茶托，右手拿起茶碗放在左手掌心上，静静地饮用。

4 盖上盖子

饮用完毕将碗盖两手拿起，右手拿着盖纽盖上盖子。

抹茶的制作方法

抹茶的制作方法出人意料地简单，自己在家就可以完成。
只要有一把茶刷，在家里就可以配合着四季不同的点心来体验传统茶的美味。

1 筛抹茶
抹茶容易结块，使用前用专用的筛子（见图）筛开后使用。

2 温茶杯
将沸腾的开水注入茶杯用来温杯，这时将茶刷泡入，使茶刷软化。

抹茶的营养也是满分，轻轻松松在家品尝

抹茶，给人的感觉是很难做的，但是如果有了茶刷，就可以简单地在家做出来。饮用抹茶时，茶叶是直接饮用的，对美容和健康也很有益处。让我们轻松地制作抹茶。在茶道中，使用抹茶的量多的为浓厚的"浓茶"，还有简约的"淡茶"。在这里我们介绍较普通的淡茶的做法。将以下三个要点掌握好，就能够避免失败，可以做出好喝的抹茶。

1. 消除抹茶的结块。

2. 水温在 80℃。

3. 茶刷按照"∞"字形搅拌。

再配合上应季的茶点心，便可以获得绝佳的美味。

【1 杯的材料】
· 抹茶 2g
· 热水 60mL

【使用的器具】
· 抹茶用的茶碗
· 茶刷
· 茶匙
· 公道杯（如没有可用茶杯代替）
· 开水壶

要 点

平时做料理时，使用抹茶可以获得成人的口味

在料理中使用抹茶，会加入轻微的苦味，摇身一变就成了成人的口味。例如天妇罗或炸油饼的外皮中混入少量的抹茶，就可以改变其颜色，也可以混入调味酱汁中使用。天妇罗用的抹茶盐是将一份的抹茶配上两份的盐，混合即可。另外，抹茶与豆腐、生鱼片也很相配。

3 将抹茶放入茶杯中

将温过杯的水倒掉，杯中放入抹茶，$1^{1}/_{2}$
茶匙（约 2g）为一杯的量。

4 加入温水

煮沸的开水凉至 80℃，轻轻倒入茶杯。

5 打发抹茶

首先使用茶刷，将结块的抹茶逐个搅开，
然后伴随结块消失逐渐搅动，并出现细小
的泡沫。像画"心"图形一样进行搅拌，
要点是动作要轻快。

6 取出茶刷

出现细小的泡沫以后，茶刷的动作减慢，
从中心向外画螺旋状，快速地将茶刷从中
间拿出来。

冲泡抹茶的简便方法

没有专用的茶杯茶刷也可以冲泡抹茶的方法。
不要局限于做法和器具，轻松地体会抹茶的乐趣。

摇混器或饮料瓶可以做抹茶

抹茶需要很好地混合后使其润滑，才能够获取抹茶本来的口味。不拘泥于做法，在家里利用现成的器具，也可以简单地操作。在这我们要介绍一款特别适合夏季的冰抹茶。使用的量请参看 p.38。

1 准备器具

鸡尾酒用的摇混器或空的饮料瓶，有盖子的细长的容器即可。

2 摇匀

将抹茶和水摇混 2 ~ 3 分钟，用量和制作抹茶时相同，一杯为 2g 抹茶、水 60mL，之后注入盛有冰块的玻璃杯中即可。

* 使用饮料瓶时为安全起见，双手拿住盖子和瓶底摇晃。

抹茶的饮用方法

记住问候与茶碗的旋转方式即可安心地参加茶会或招待会了，一起融入和谐的气氛中吧。

1 拿起茶碗
将茶碗放在左手手掌心上，右手的拇指扣住碗沿拿起茶碗。

2 茶碗的正面面向对方
茶碗的正面不要对着自己，在自己的角度看顺时针将茶碗转两次。

只要掌握了规则，就可以安心地享受抹茶了

去登门拜访或参加茶会时，对方端出抹茶来招待，如果不知道饮用的方法会很尴尬。在这里，简单地教大家薄茶的饮用方法。

对方端出茶的时候，一定要向对方说"请让我用茶"作为还礼。如果有其他的客人在场，不要忘记说"您先请"表示礼让。重要的礼仪要贯彻到底。

3 品茶
三口半将茶喝完，最后的半口要伴随吸的滋滋声将茶吸入。喝完后，用拇指和食指将沾嘴的位置擦拭，之后手指在怀纸上擦拭。

4 茶碗的正面转向自己一侧
在自己的角度逆时针将茶碗的正面转到朝向自己的一侧，将茶碗放回最初的位置，同时说"非常好喝的茶"来回礼。

日本茶的历史

由遣唐使从中国传入日本的茶叶，
迅速以"茶水"为开端在日本独自的文化背景下发扬起来。
抹茶、煎茶、玉露……其圆润和涩味相结合的
"日本口味"是怎样形成的？让我们来看看日本茶的历史。

【由遣唐使带来的茶】

日本茶的历史要追溯到平安时代初期，由遣唐使从中国带回茶的种子开始。

遣唐使之一最澄，805年将带回来的种子种植在比睿山周边（滋贺县和京都府的境内），被称为现在的朝宫茶的起源。815年左右，也是遣唐使的永忠留下了关于煎过的茶的记录。这些都反映了这个时期，茶是僧侣或贵族等少数人群在宫廷礼仪中才能品尝的稀有饮品。

【荣西开始种植茶叶】

到了镰仓时代，开创了临济宗的荣西，将从中国宋朝带回来的种子种植在九州的脊振山（佐贺县与福冈县境内）。之后，将茶的种类及药效、制法记录到《饮茶养生记》中。这本书成为日本最早的茶书，后世经久不衰。此外，京都府高山寺的明惠上人在荣西处得到了种子，将其种在了母尾，这便是宇治茶的基础。荣西带回来的茶是将干燥后的茶叶用石碾子碾碎后饮用的，类似今天的抹茶。

日本茶年表	
【平安时代初期】	
805 年左右	
茶从中国传入。遣唐使最澄从中国带回茶种子种植在比睿山周边。	
【平安时代末期—镰仓时代】	
1191 年左右	
茶叶的种植范围开始扩大，在九州开始种植茶叶的荣西禅师书写了日本最初的《饮茶养生记》。	
【南北朝时期】	
1379 年	

【从"斗茶"到"道歉茶"】

镰仓时代末期开始盛行"斗茶",即喝茶时猜出使用的是什么种类的茶叶。斗茶是聚集了好多人的像宴会一样的繁荣的场景,据说人们经常通宵达旦"斗茶"。1379 年,足利义满设立了称作"宇治七名园"的七座指定的茶园,注重宇治茶的改良,之后义满的孙子足利义政在银阁寺建立了茶室,在此茶室中,慢慢衍生出日本传统文化的"茶汤"。

到了室町时代,被称作"茶道鼻祖"的村田珠光,将多余的调度及器具去除,构筑起了朴素的新风格的茶道,就是现在的"道歉茶"。建立在禅的精神上的"道歉茶"在这之后由千利休进一步完善,其做法和样式作为日本的传统文化传承至今。这样茶便从仅流行于武士和贵族之间变得平民化了。

【普及到平民百姓家的煎茶】

进入江户时代的 1632 年,为了供给将军家开始从全国各地向江户运送茗茶,史称"茶壶道中"。1654 年,从中国明朝来的隐元禅师将锅炒制的茶叶加入热水中的"淹茶法"传入日本。这便是现在向茶壶中倒入热水的饮用方法的开端。

1738 年,京都宇治的永谷宗元创立了与现在煎茶制法相近的方法,煎茶制法开始扩展到全国。1835 年,山本德翁发明了玉露,它是将茶树覆盖后种植的高级绿茶。茶的饮用方法、制造过程被确立后,进一步成为习惯而扩展到日本一般平民。不拘泥于茶道的拘束,平民之间也可以体验到茶的乐趣,饮茶从明治时代开始便形成了百姓日常的习惯,每家都有茶壶,饮茶就变成了理所当然的事情。

足利义满建成茶园,称为"宇治七名园",茶叶种植更加繁盛。
【室町时代】
1486 年
足利义政在银阁寺建立茶室,武士中间开始流行饮茶,村田珠光奠定了"道歉茶"的基础。
【安土桃山时代】
15—16 世纪
千利休完善了"茶汤"的做法。平民也开始饮茶。
【江户时代】

1654 年
中国的锅炒茶加入热水的淹茶法传入日本。
1738 年
京都宇治的永谷宗元完善了煎茶的制法,开始扩展到全国。
【明治—大正时代】
1898 年
开始机械化生产,一般家庭开始养成饮茶的习惯。

日本茶的选择和保存方法

茶是相对而言比较易于保存的食品，越新鲜的茶越好喝，
所以尽可能地选择新鲜的茶，同时正确保存，在其风味没有衰退前饮用。
在此简单地介绍一下日本茶的选择、保存方法及茶根的有效利用。

购买日本茶

日本茶在身边很多地方都可以买到，如超市或街边的茶庄、网络商店等。

超市中可以买到各种茶叶，而且价格实惠。此外，街边的茶庄可以买到当季新鲜的原创拼配茶。旅行途中可以在产地购买。此外，在网络上也可以买到只有在产地的茶庄才能够入手的珍贵品种。传统老店也开始在网络上销售，我们可以轻松地选择并体验。

日本茶的选择

选择茶时，首先要看制造年月日和品尝期限，尽可能地选择新的。如果能够进一步确认，要看看茶叶的颜色、光泽、形状、香气、色泽等。也可以通过试饮，进一步确认口味和香气。在有日本茶指导的专门店可以边详谈边根据喜好来选择。

新茶的选择

每年4月下旬至5月间，日本新茶开始上市。新茶就是用这一年最初的新芽来制成的一番茶。采摘下来的茶叶非常柔嫩，营养充足，茶中含有的甘美是一年中最棒的。特别是八十八夜（立春起八十八天）采摘的茶，

要确认以下商品信息

☐ **产地是哪里?**
日本茶根据产地不同香气味道各异，多少掌握一些产地的知识，选择自己喜欢的茶。

☐ **尝味期限是否宽裕?**
日本茶是生鲜食品，确认尝味期限选择新鲜的。

☐ **是否是能够喝光的量?**
袋装煎茶大部分是100g为单位的，选择时要选能尽快喝完的量。

☐ **包装是什么类型的?**
遮光性好的铝箔包装不开封不会导致变质，比较容易保存。避免购买容易被光照的透明袋装的茶。

被称为"八十八夜摘新茶"，是珍品。此外，地区不同，还有在秋季采摘的新茶。关注春与秋和制造年份，体会新摘下的茶的风味吧。

日本茶的保存

日本茶保存时最大的敌人莫过于湿气、异味、高温、光照、氧化。特别是茶容易吸收水分和异味，所以要避开异味强烈的食品、洗涤剂等保存。另外，高温、光照、氧化可以使茶的成分变质，所以要避开光照强的场所，放在容器或密闭容器中保存。

放在茶罐或茶桶中保存时，将茶罐或茶桶装入塑料袋内并放入冰箱，避开冷藏库中温度变化较大的位置，取用时不要马上打开盖子，在室温下缓解一段时间后再开启。剧烈的温度上升会在容器内形成水滴，茶会感染到湿气。烘焙茶在室温下保存也不会有太大的变化。

茶根的再利用

冲泡完的茶残留下来的茶根，在扔掉之前，可以与盐混合将茶壶、茶杯中的茶渍清洗掉。也可以将干燥后的茶根装入布袋中，用于冰箱、鞋柜等的除湿除臭。

另外，茶是营养价值很高的食品。茶根中同样含有植物纤维、维生素 E、β–胡萝卜素等成分，也推荐在做料理时使用，在制作肉饼或煎蛋时加入一些，干燥后加入到曲奇或面包的面团中均可。要是玉露或高级的煎茶，淋上酱油可以直接食用。

日本茶的保存方法

玉露的茶根可以作为凉菜直接食用

放在茶罐或茶桶中

选择带有内盖、密封性较高、容易开闭的容器。

用夹子夹紧

没有茶罐或茶桶时，一定用夹子将袋口夹紧。放在冰箱里保存时，在外面再套上一层塑料袋。

日本茶、中国茶、红茶的起源是相同的

茶的起源

不论是日本茶还是中国茶、红茶，其实都是由茶树的叶或茎制成的，

但为什么会有不同的种类和口味呢？我们一起来看一下。

茶树的品种

中国种

枝叶分散的灌木型品种，特点是 2 ~ 3m 高度较低，茶叶片也很小，适合制成绿茶，如果制成红茶，味道较淡，有优雅的香气，色泽较浅。

阿萨姆种

树干直立的乔木型品种，有的高度超过 10m，叶片容易发酵，所以适合制成红茶，香气强烈，味道浓厚，色泽偏焦煳茶色或黑色。

树种与制法不同会形成不同的茶

日本茶、中国茶、红茶都是山茶科的常绿树，学名叫作 camellia sinensis，就是茶的树。茶树大致分为中国云南原产的中国种、印度阿萨姆地区原产的阿萨姆种，还有两者杂交后的品种。将茶树叶子采摘下来后揉搓发酵（茶叶中富含的丹宁酸化）就可制成茶。根据树木的种类、制法、发酵的程度不同，其口味与香气也不同。

根 据 茶 叶 的 制 法 分 类

生茶叶

不发酵茶	半发酵茶	完全发酵茶	后发酵茶
将茶叶加热阻止其氧化的茶，颜色为绿色	稍稍氧化，半途中停止氧化	完全氧化的茶，颜色为褐色	不是自然发酵而是利用发酵菌发酵的茶

不发酵茶	半发酵茶	完全发酵茶	后发酵茶
日本茶（蒸制）	乌龙茶	英国红茶	普洱茶（黑茶）等
中国绿茶（炒制）	（青茶，重 ~ 中度发酵）	中国红茶	
	包种茶（青茶，轻度发酵）		
	白茶、黄茶（轻微发酵）		

第二章

中国茶

Chinese Tea

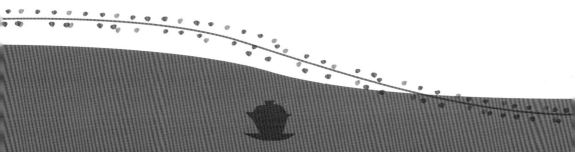

可以说中国茶是日本茶或红茶的起源。

绿茶、白茶、黄茶、青茶、红茶、黑茶……

品目繁多、各具特色。

每一种茶都能配套不同的茶具，乐在其中。

茶汤的味道也回味悠长，让我们也来了解

一下渊源久长的中国茶吧。

用中国茶维持健康

我们一直认为中国茶能起到放松身心的作用，
而医学研究也确实证明中国茶对身体有益。
制作方法或发酵程度的不同，茶叶的健康效果也有所区别。
让我们来看看以下 7 个种类各自的功效吧。

消除水肿，预防口臭
绿茶

绿茶中的咖啡因含量高，因而有利尿作用，能促进身体排出毒素和老旧物质。因此，适合需要缓解身体水肿或者患有膀胱炎的患者服用。绿茶中还含有丰富的维生素 C，对吸烟的人也有益处。

另外，绿茶这种未经发酵的茶叶中含有大量的儿茶素和氟，具有杀菌消炎的功效，可以有效预防龋齿和口臭。

吸收身体多余的热量
白茶

白茶能够去除身体中多余的热量，有镇热祛暑的作用，也适合荨麻疹或水痘患者服用。白茶还能让咽喉保持湿润的状态，可以在干燥的季节品尝。

需要放松的时候
黄茶

黄茶的制作方法与绿茶接近，也同样具有让精神平静下来的放松功效。黄茶的茶叶外观清丽，可以放在玻璃容器中体验视觉美感。

改善恶寒，消除便秘
青茶

乌龙茶，算得上是青茶的代表性存在。青茶中含有大量茶多酚，有洗掉中性脂肪酸的作用。正是因为这个原因，长期饮用乌龙

茶可以降低胆固醇，激发身体的新陈代谢。青茶还有预防生活习惯病、减肥瘦身的功效。青茶能增进食欲，改善餐后肠胃蠕动的频率，可以在有便秘烦恼或宿醉头痛的时候饮用。一杯热气腾腾的铁观音，能消除身体恶寒。

恶寒或贫血的时候
🍵 红茶

红茶具有让身体温暖的作用，特别是荔枝红茶，在缓解紧张的同时，还能改善身体恶寒的症状。贫血，是身体恶寒引起的并发症，可以把铁含量丰富的西梅浸泡在祁门红茶中饮用。

减肥专属
🍵 黑茶

在日本，普洱茶也是人气商品，几乎是减肥茶的代名词。黑茶能快速燃烧身体脂肪，降低血液中的胆固醇和中性脂肪，配餐饮用效果更佳。同时，黑茶还能促进新陈代谢，让身体保持温暖，所以对恶寒、血液循环不畅、肩部不适、头痛、伤风着凉均有改善作用。

皮肤干燥和生理痛的时候
🍵 花茶

花茶含有丰富的维生素 C，是缓解皮肤症状的特效药，尤其是能有效改善皮肤细纹和色斑。生理期中，可以饮用玫瑰花茶。玫瑰花茶不仅仅能改善血液循环，其花香还能让生理期的焦虑和不快有所缓解。菊花茶能吸收身体中的燥热，具有抑制炎症发生、缓解皮肤干燥的作用。

"有益身体"
推荐调和茶　**1**

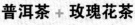

普洱茶 + 玫瑰花茶

减肥 + 美颜

用一杯茶带给女性喜悦的双重效果

具有减肥效果的普洱茶和具有美颜、放松效果的玫瑰花茶结合在一起，让茶汤好像有了魔力一样。茶汤的味道绵长温柔，让人流连忘返。普洱茶的香味和玫瑰花茶的香气，融合成朦胧甘甜的绝妙口感。

"有益身体"
推荐调和茶　**2**

菊花茶 + 绿茶 + 枸杞子

缓解视力疲劳 + 缓解皮肤干燥

用一杯茶来关怀疲惫的身体

菊花茶含有维生素 E，能有效缓解视力疲劳，加入枸杞子之后效果更佳。绿茶中含有大量维生素 C 和维生素 E，与菊花茶抑制炎症的作用相辅相成，同时还能改善皮肤干燥的问题。在疲惫不堪的时候，体会一下茶汤的温柔吧。

适合中国茶的茶点

和日本茶相同，与中国茶相配的茶点并没有一定之规。
但是既然喝中国茶，是不是应该搭配来自于中国的正宗茶点呢？
这样精心的搭配，会让品茶的心情也随之雀跃。
中国茶的香气独特，请尽量选择不会掩盖茶香的茶点。

把茶点当作配餐，享受平和的饮茶感受

为了充分享受中国茶的香气，中国茶的茶点通常选用不是那么很油腻的食品。一般来讲，可以搭配坚果、干果等轻食。日本茶搭配和风点心、红茶搭配西式点心，而中国茶除了可以搭配甜品以外，还可以选择其他小零食当成茶点。中国茶能反复泡饮多次，一边饮茶，一边吃着茶点聊天，这才是正宗的中国茶品鉴方式。

月饼

月饼有嚼劲，可以搭配发酵程度高的茶。如果月饼是红豆馅，可以搭配青茶中的乌龙茶；如果是坚果馅，可以搭配红茶中的正山小种。

麻花

其特点是味道朴素，嚼劲十足。因为麻花是油炸制品，可以搭配有减脂效果的黑茶（普洱茶）。

坚果

在中国，有用南瓜子做茶点的习惯。因为南瓜籽的味道清淡，所以可以搭配香气清爽的绿茶或青茶。一边喝着茶，一边咔嚓咔嚓吃着坚果，简直停不下来！

干果

中国茶的茶点中，以不变应万变的当属杞果干、无花果干、杏干了。与坚果相同，干果也不会打扰茶汤的清香，所以可以用来烘托绿茶。特别推荐杞果、山楂等有酸味的干果。

中国风曲奇

与红茶搭配，两种味道相互烘托得更加美味。曲奇入口即化的口感，正好符合品茶的意境。

苹果派

味道强烈，口感十足，可以搭
配味道同样浓烈的黑茶。可以
尝试与云南红茶等正统红茶
搭配。

泡芙

奶油香与茉莉花茶的香很般配。
可以享受到水果的香甜和隐约
的香气，真让人乐在其中。

杜果布丁

可以与茉莉花茶、乌龙茶搭配。
冷藏甜皮，可以与具有个性化香
气的茶汤搭配，让人心旷神怡。

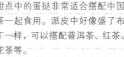

蛋挞

甜点中的蛋挞非常适合搭配中国茶一起食用。派皮中好像盛了布丁一样，可以搭配普洱茶、红茶、花茶等。

中国风卡斯特拉

口感湿润的中国风蒸糕，温柔的甘甜给人一种朴素的感觉，可以搭配绿茶食用。

在茶艺馆可以享受到各种中国茶

"茶艺馆"，是中国茶专门的茶馆。这里有各种各样的中国茶、美味的食物和茶点，任选几样就能享受到美好的饮茶时光。

在中国台湾有很多内部装潢雅致、茶具器皿精良的茶艺馆，如果有机会去中国台湾的话请一定不要错过。除了饮茶，您还可以感受到茶艺馆的氛围，也许还能遇见令您一见倾心的茶具。

最近，日本也出现了正宗的茶艺馆。这些茶艺馆里，不乏难得一见的中国茶品种，还有出售正宗中国茶茶点的店铺。如果您对中国茶有兴趣，不妨亲自前往探寻一番。

中国茶的种类

按照制作方法的不同，中国茶可以分为七大类：
不发酵的绿茶；半发酵的白茶、黄茶、青茶；
完全发酵的红茶；后发酵的黑茶；还有添加了花香的花茶。
换言之，虽然都叫作中国茶，但是味道却各有千秋。

绿茶

中国最常见的日常茶

绿茶，在中国茶产量中占六成以上，可谓中国茶的代表。在日本，中国茶中的青茶比较常见，例如乌龙茶、铁观音等。

中国的绿茶与日本的绿茶相同，都是"不发酵茶"。在日本，为了阻止茶叶发酵，通常都要通过闷泡的方式给茶叶加热。而在中国，一般会选择煎炒的方式。因此，中国绿茶里既有新鲜茶叶那种清爽的香气，也有深沉绵长的醇厚。

与日本绿茶的色泽 * 相比，中国绿茶的色泽要浅一些，但是涩味较少，留香持久。茶叶的形状林林总总，有扁平的龙井茶、圆形的珠茶、眉形的眉茶等，只要从这些独具特色的外形上就能辨认出它们的种类。

* 色泽：指的是茶汤的颜色。

西湖龙井

相当于日本的"静冈茶"，是中国最流行的茶饮之一

龙井茶是清朝向皇上进贡的茶叶。这种茶叶被放入高温预热的茶釜中，借助工匠高超的技巧制作而成，被称为色、香、味、形俱佳的"四绝"上品。其中最高级的种类是狮峰龙井。

特　征：香气仿佛草木青豆一样爽朗，味道甘甜绵长。含有丰富的维生素 C
茶叶的量：容器的 1/5
热水温度：75~85℃
泡制时间：3~4 分钟

碧螺春

茶叶呈新鲜的黄绿色，香气浓厚

春季采摘，由于茶叶像贝壳一样卷曲的样子而得名。作为中国两大绿茶之一，主要产地位于江苏省的西山和东山地区。其中，从东山蜜柑田附近的茶树上采摘下来的茶叶，是最高级的品种。

特　征：也被叫作"吓杀人香"，其浓厚的香气可见一斑。馥郁清爽的味道适合各种场合
茶叶的量：容器的 1/10
热水温度：70~85℃
泡制时间：2~3 分钟

黄山毛峰

清香的美味绵长不绝

用一芯二叶的方式采摘下来的茶叶，也被叫作"雀舌"，形状类似小辣椒。茶叶表面覆盖着一层黄白色的绒毛，香气浓郁。随着浸泡的时间延长，香味也会不断增加，属于实力派品种。1955 年，被认定为中国十大茗茶之一。

特　征：甘甜清爽，味道浓郁，唇齿留香。茶汤是澄清的金黄色
茶叶的量：容器的 1/5
热水温度：75~85℃
泡制时间：3~4 分钟

锦上添花

盛开在茶壶中央的一朵菊花

一种用丝线把绿茶系成一束的工艺茶。倒入热水以后，茶叶舒展开，宛如一朵漂浮在水中的菊花。"锦上添花"，指的是"在锦缎上描绘一朵花"，形容"美丽与美丽叠加在一起的样子"。适合用于喜庆的场合。

特　征：细腻的甜味与清新的香气，都体现出绿茶的特征。在聚餐或招待客人的时候端出来，都能起到锦上添花的效果
茶叶的量：1 个
热水温度：75~85℃
泡制时间：3 分钟左右

白茶

自然发酵的茶叶，充满清新细腻的味道

白茶，仅选用被叫作"白毫"的嫩茶叶制成。嫩茶叶的表面带有白色的绒毛，需要经历轻微的发酵过程，属于"弱发酵茶"。大多数的茶叶都要经过"揉搓"的工艺，以便茶叶在被揉搓的过程中干燥、发酵。但是在白茶的制作工艺中并没有强制发酵的阶段，而是让茶叶在日光与月光的沐浴中自然风干、缓慢发酵。

其色泽清淡，味道利落而清爽。精心制作的茶叶中，带着细腻的味道，深受古代帝王和文人墨客的喜爱。

白毫银针

从几千年前开始，备受人们喜爱

披拂着白色绒毛的嫩芽，散发着美丽的光泽。以喜爱茶汤而闻名的北宋皇帝宋徽宗，就非常喜爱这种茶。宋徽宗还因此泼墨挥毫为其题书"茶王"。由于其味道温和，可以用低温热水长时间冲泡。

特　征：一边感受茶汤的美味，一边等待嫩芽的清甜在唇齿间散开。茶叶形状优美，建议使用玻璃容器

茶叶的量：一小捏
热水温度：75~80℃
泡制时间：依个人口味自由掌握

白牡丹

香港的超高人气款茶饮！味道清淡优雅

白毫银针只选用嫩芽制作，而白牡丹则是把新芽与茶叶调和在一起做成的茶品。采摘时机略晚于白毫银针，选择一芯二叶的采摘方式。味道清新恬淡，让人欲罢不能。可以作为配餐茶，在香港人气极高。

特　征：香气稚嫩新鲜，让人不禁联想到春季采摘的红茶。味道上乘而清澈，口感适中

茶叶的量：一小捏
热水温度：90~95℃
泡制时间：依个人口味自由掌握

黄茶

类似于绿茶，味道馥郁优雅

黄茶也被叫作"闷黄"，制作方法独特。只需经过短暂的发酵工艺，属于"弱后发酵茶"。色泽偏黄，因此得名。发酵度低，优雅的味道类似于绿茶。除了味道之外，还可以观赏黄茶"优美的样子"。古时候的皇帝或文人墨客，很喜欢欣赏茶叶上下浮沉的优雅姿态。

产量较少，尤为珍贵。冲泡时，请选用玻璃器皿。一边欣赏喜欢的音乐，一边观望茶叶的姿态，一边品鉴茗茶。人生乐事，不过如此。

君山银针

沉浸在茶叶的雀跃中，深受清朝皇帝喜爱的贡茶

曾经是进贡给清朝乾隆皇帝的贡茶，历史悠久。产地位于湖南省洞庭湖上的小岛——君山岛。仅采摘新芽，花费3天时间制作完成。让其在玻璃容器中浸泡，可以欣赏到茶叶悠悠然漂浮的样子，好像在欣赏一场优美的舞蹈。

特　　征	带着隐约的烟熏香。味道上乘，甜淡适中。产量少，所以极为贵重
茶叶的量	一小捏
热水温度	80~90℃
泡制时间	依个人口味自由掌握

具有特色的馥郁香气，深受平常百姓喜爱

深入人心的乌龙茶和铁观音，都属于青茶的品种。在发酵的过程中停止发酵，属于"半发酵茶"。发酵度范围广泛，介于15%~70%之间。也就是说，有几乎未经发酵的茶，也有发酵程度几近完成的茶。

青茶，被誉为"喝香气的茶"，其馥郁的香气独具特色。不同的种类，具有不一样的个性香气，常被用"清香"或"花香"来加以区分。

青茶的泡法简单，很容易上手。刚开始尝试中国茶的入门者可以试试看。推荐使用工夫茶具来泡茶，一边品茶，一边真正享受到茶的香气。

铁观音

岩茶独特的香气，散发着甘甜的余韵魅力

说到青茶，最有名的当属被评为世界遗产的武夷山"武夷岩茶"。武夷山位于福建省北部，

这里的铁观音、大红袍，也是武夷山岩茶的代表之一。岩肌释放出的丰富矿物质，让岩茶拥有了岩石的韵味，留香持久、茶香独特。甚至第5泡、第6泡，也仍然香气四溢。

特 征：	香气柔软，散发着柑橘科果实一样的清新感。口感细腻，适合日常饮用
茶叶的量：	容器的3~4成
热水温度：	95~100℃
泡制时间：	依个人口味自由掌握

大红袍

中国茶茶迷务必要品尝一次的梦幻岩茶

在 300 多种武夷岩茶当中，被誉为王者的茗茶只有大红袍这一种。树龄超过 400 年的原木仅有 4 棵，

出产的茶叶几乎不会流通到市场上，可谓梦幻一般的茶。现在市面上流通的大红袍，都是原木嫁接后育成的茶叶。

特　　征：独特的甘甜和适中的涩味。漂浮在喉咙深处的岩韵，述说着王者的风范
茶叶的量：容器的 3~4 成
热水温度：90~95℃
泡制时间：依个人口味自由掌握

冻顶乌龙

后味十足，引领中国台湾茶风潮的茶叶

一款可以代表中国台湾茶的青茶。比乌龙茶的发酵度低，味道柔和，可以作为各种类型料理的佐餐茶。

冻顶乌龙在日本也人气甚高，餐后饮用可带来清冽的香气。需要高温水冲泡。

特　　征：花香四溢的香气和醇香的味道融合在一起。具有除臭效果。可以搭配台湾料理、广东料理、鱼类料理等
茶叶的量：容器的 1/10
热水温度：95~100℃
泡制时间：依个人口味自由掌握

安溪铁观音

散发出金木犀的香味

作为青茶的代表，产于福建省南部的安溪县。金木犀一样华丽的香气，经久不散。

每年可以采摘 4 次，其中以春茶的质地最为上乘。茶叶卷曲圆润，茶汤熠熠生辉，可谓茶中佳品。

特　　征：全叶茶，味道甘甜。需要放松身心的时候，需要温暖身体的时候，来一杯热腾腾的安溪铁观音吧
茶叶的量：使用茶碗、茶壶的时候，需要容器的 4~5 成
热水温度：95~100℃
泡制时间：依个人口味自由掌握

东方美人

翩然起舞的茶叶，宴会上的待客佳品

产于中国台湾中部，每年只能在梅雨时节采摘 1 次柔嫩的新芽，因此格外贵重。在乌龙茶当中，属于发酵程度较高、口味更偏向红茶风格的茶叶。据说上乘的茶香曾经让英国的维多利亚女王赞不绝口。

特　　征：茶叶里面带有花朵一样的色彩，可以用来在宴会上招待客人。需要缓解疲劳的时候，需要放松心情的时候，敬请品尝
茶叶的量：使用茶碗、茶壶的时候，需要容器的 3~4 成
热水温度：85~100℃
泡制时间：依个人口味自由掌握

红茶

没有苦味的果香，让人心旷神怡的原味茶汤

中国红茶，是世界红茶文化的起源。红茶于17世纪传入欧洲，先是在英国贵族阶级掀起了红茶热，随后红茶文化在欧洲各地遍地开花。

红茶，拥有经过"完全发酵"的红褐色茶汤，分为小种红茶、工夫红茶、碎红茶3个种类。属于工夫红茶旗下的祁门红茶，是世界三大茗茶之一。

与印度红茶和锡兰红茶相比，中国红茶的味道里有更多的果香，基本没有苦味，所以无须搭配牛奶或砂糖，可以品尝原汁原味的中国风茶汤。

祁门红茶

被称为"东洋女王"，宁静的兰花香茶汤

与大吉岭、乌沃齐名的世界三大红茶之一。产于安徽省祁门县，历史可追溯至14世纪。曾在1906年的巴黎万博会、1915年的巴拿马太平洋万博会中获得过金奖。兰花香气赋予了祁门红茶更高的格调，深受伊丽莎白女王等英国贵族的热爱。

特　　征：鲜艳的红色茶汤，类似兰花的神秘香气。市面上难得一见

茶叶的量：容器的1/10

热水温度：95~100℃

泡制时间：依个人口味自由掌握

云南红茶

牛奶还是玫瑰？神秘的香气让人流连忘返

别名"滇红茶"。作为工夫红茶的一种，有酷似奶茶一样的甘甜气息，仔细品味之后还能感受到玫瑰花一样的味道。这种变化多端的魅力，吸引了一众粉丝。含有大量被称为"黄金芯"的茶叶新芽，味道清淡而柔嫩。

特　　征：香气细腻而富有变化，可以与亲朋好友一起分享。味道上乘，口感柔软，让人心中充满优雅的感受

茶叶的量：1茶勺

热水温度：100℃

泡制时间：依个人口味自由掌握

正山小种

独特的烟熏香，让人欲罢不能的个性红茶

在欧洲，常被用来当作下午茶。经过松木烟熏制成，具有独特的烟熏香气。据说只有以岩茶而闻名的武夷山深处的茶树，才能采摘到拥有这种香气的茶叶。

特　　征：香气独特，味道浓厚，让人印象深刻，令人欲罢不能

茶叶的量：1茶勺

热水温度：95~100℃

泡制时间：依个人口味自由掌握

荔枝红茶

像荔枝一样可口的甜品茶

能感受到荔枝的甘甜和丰富的香气，无需砂糖的风味茶。以一款工夫红茶——英德红茶为原料，添加荔枝果肉和果汁增加香气。水果香气浓郁，甚至可以当作甜品一样饮用。

特　　征：水果一样的甜香。需要放松的时候，需要温暖身子的时候，可以来一杯荔枝红茶

茶叶的量：1.5茶勺

热水温度：95~100℃

泡制时间：依个人口味自由掌握

九曲红梅

香气和味道细腻柔和，口感润滑

作为一款高级茶，九曲红梅久负盛名，据说最初是由从福建省武夷山移居到杭州的人开始种植的。精心采摘的一芯二叶茶，外形细长卷曲。入喉流畅顺滑，味道优雅上乘。

特　　征：色泽呈鲜艳而有光泽的红色。味道和香气尤为细腻，甘甜怡人

茶叶的量：1茶勺

热水温度：95~100℃

泡制时间：依个人口味自由掌握

黑茶

经年熟成，味道浓重深厚

在黑茶的制作工艺中，加入了微生物进行发酵，被叫作"后发酵茶"，最常见的就是"普洱茶"。从茶叶形态上看，可以分为原茶状态的"散茶"以及发酵前装入模型固定了的"饼茶"。像葡萄酒一样，黑茶也需要经历若干年的沉睡期，因此具有独特的成熟韵味。越是年份长的黑茶，其质地越高级，15 年品、30 年品……随着熟成过程的不断完善，其品鉴价值也更高。

黑茶具有高超的分解脂肪的能力，作为具备减肥效果的茶而闻名。吃了油腻的食物之后，来享受一下经过熟成加工的浓香吧。

云南普洱茶
备受推崇的减肥茶

作为一款高效健康的减肥茶而备受瞩目，是具有代表性的

黑茶。分解脂肪、促进消化的功能强大，适合作为佐餐茶。为了去除表面的霉菌和污垢，第 1 泡茶要扔掉（洗茶）。从第 2 泡到第 3 泡开始，就可以一边欣赏茶汤的色泽一边品鉴茶香了。

特　征	发酵茶特有的香气，让人不禁联想到树木香。味道饱满，适合搭配中华料理。推荐甘油三酯高的人饮用
茶叶的量	1 小捏
热水温度	95~100℃
泡制时间	依个人口味自由掌握

普洱小沱茶

只需倒入热水就能畅饮的普洱茶

小沱茶，是把1人份茶叶揉成小团子后发酵而成的茶叶。把小沱茶放进茶杯中，倒入热水就能快速品尝到普洱茶了，这样应该是一件乐事。如果是更大一些的茶团，可以用刀削一些后泡饮。

特　征	味道润滑，适合入门者品鉴。易于携带，在办公地点也能便捷地冲泡
茶叶的量	1个
热水温度	95~100℃
泡制时间	依个人口味自由掌握

菊普洱小沱茶

柔和的普洱香气里，隐约传来菊花香

是把菊花调和进普洱茶中的款式。倒入热水以后，菊花会漂浮上来。与其他普洱茶相比，味道更加清新，饮用口感上乘。有分解脂肪、促进消化的功效，可以在餐后饮用。

特　征	味道甘甜，充满清冽的菊花香。口感清淡，适合身体疲劳、运动不足的人群饮用
茶叶的量	1个
热水温度	95~100℃
泡制时间	依个人口味自由掌握

云南七子饼茶

熟成时间超过10年，上乘的味道不负等待

饼茶，是被压缩成饼形的固体茶。首先要把饼茶敲碎，仔细碾压均匀以后才能放进茶壶里。其中，不乏熟成期超过10年的饼茶，为了去除表面的霉菌和污垢，第1泡茶要扔掉（洗茶）。从第2泡到第3泡开始才能饮用。

特　征	经过长时间的熟成工艺，茶汤色泽偏黑，口感润滑，散发着像白兰地一样的芳香。能一次冲泡到第7泡或第8泡。
茶叶的量	1茶勺
热水温度	95~100℃
泡制时间	依个人口味自由掌握

熟成款饼茶

生茶款饼茶

充满花香的中国风味茶

在绿茶、白茶、黄茶、青茶、红茶、黑茶这六大中国茶派系外，还有在绿茶和青茶中添加了花香的"花茶"。如果放在红茶的领域，应该相当于风味茶。从制作方法来讲，既可让茶叶吸附到花香，也可以干脆让花朵在茶叶中干燥后调和到一起。

最为著名的当属充满茉莉香的茉莉花茶。此外，玫瑰花茶和桂花茶也是常见品种。

花茶的香气能让身心放松，从而实现改善睡眠的作用。温柔的花香、混合着花瓣的茶汤，这种美好的饮品深受广大女性的喜爱。

茉莉花茶
用茉莉香来治愈疲惫的身心

充满茉莉花香的绿茶。盛开的茉莉芳香，让人毫无防备地放松下来。茉莉花茶能让紧张的情绪放松下来，推荐在临睡前品尝。

特　征：充满柔和甜美的茉莉花香，味道清新，有镇静神经的作用
茶叶的量：1 捏
热水温度：85~90℃
泡制时间：1 分钟左右

桂花绿茶

绿茶的青涩与花香的甘甜结合在一起

桂花，指的就是金木犀。是绿茶和金木犀花调和而成的花茶。绿茶的涩味与金木犀花的甜味完美结合，给人带来气定神闲的感受。也有以乌龙茶为基调的桂花茶。

特　　征：让清新的绿茶味道与金木犀的香气溶于一杯，据说能有效缓解视力疲劳和内脏不适等症状

茶叶的量：1 茶勺

热水温度：80~90℃

泡制时间：3~4 分钟

桂花茶

具有放松效果的金木犀茶

完全使用口感甘甜的金木犀花制成的风味茶。茶汤色泽金黄、通透清冽，美丽的茶汤仿佛能够洗涤身体里面的浊气。可以与绿茶、红茶、乌龙茶等调和饮用。

特　　征：金木犀的香气浓郁，留香持久。具有树叶特有的涩味，可以加入蜂蜜调和

茶叶的量：1 茶勺

热水温度：80~90℃

泡制时间：3~4 分钟

玫瑰花茶

让人感受到优雅的玫瑰花蕾茶

玫瑰花茶，选用玫瑰花蕾制成。优雅的香气和可爱的花蕾结合在一起，吸引了众多女性的目光。富含维生素 C，具有美颜、预防贫血、放松身心的效果。

特　　征：没有涩味，玫瑰花蕾的气味柔和。可以直接饮用原味玫瑰花茶，也可以与红茶或普洱茶调和饮用

茶叶的量：1 茶勺

热水温度：85~90℃

泡制时间：2 分钟左右

菊花茶

小花朵在玻璃杯里翩然起舞，这是一杯属于小菊花的茶汤

菊花茶，就是把小菊花干燥后制成的茶，具有缓解视觉疲劳、消除便秘等功效。由古至今，菊花都是一款中医药材，在中国北方用于缓解初患感冒的症状。可以与乌龙茶、绿茶调和在一起饮用。

特　　征：有与众不同的苦味和香气。可以与绿茶和乌龙茶放在一起调和饮用，口感柔和

茶叶的量：5~7 朵

热水温度：85~95℃

泡制时间：2 分钟左右

中国茶产地

现在中国茶茶树已经遍布世界各地，
但本来的原产地则位于与越南、缅甸交界的中国云南省、
四川省、贵州省一带。早在唐代，茶树栽培就已经在中国全境广泛展开，
而各地也开发出了独特的制茶工艺。后来，多种茗茶相继诞生。
本章节中围绕着长江流域，对广泛散布在河边及山地里的中国茶产地作一介绍。

 ## 贵州、四川地区

盆地和高原的聚集地，是高湿、高温的地区。
盛产花茶、黄茶、红茶等品种，但绿茶产量仍然具
有压倒性优势。

 ## 云南、广西地区

这里有超过百年树龄的茶树，可以说是所有饮
茶文化的发祥地。特别是以普洱茶著称的云南省，
是生产饼茶等黑茶的知名产地。

黄山、太湖地区

位于长江下游，产量约占中国茶全部产量的70%，是著名的绿茶和红茶的产地。代表品种有安徽省的黄山毛峰、江苏省的碧螺春、浙江省的高级红茶九曲红梅等。

中国台湾台北县周边

中国台湾茶的历史大概有100年，由于这里的地域特征、气候条件，以及高超的制茶技术，而被称为"茶叶王国"。生产东方美人等闻名世界的乌龙茶。

中国台湾南投县周边

这里有很多险峻的山岭，高山性气候显著。出产具有代表意义的台湾乌龙茶，例如冻顶乌龙、阿里山高山茶等。

福建、广东地区

福建省是乌龙茶的故乡，也是出产安溪铁观音、武夷山岩茶、正山小种、白毫银针等茗茶的著名中国茶产地。广东省东部的凤凰山周边，是著名的青茶产地。

泡制美味中国茶的茶具

小巧圆润的茶壶和花纹艳丽的茶杯，每一个都惹人怜爱，
忍不住想要带回家收藏起来。不同的泡茶方法，
需要使用不同种类的茶具，这正是中国茶的特征。
理解每一种茶具的用途，选择合适的茶具来品茶吧。

进一步感受中国茶的小物件

接触茶叶的茶具，基本都是成套销售的。例如夹茶叶的茶夹、泡茶时的茶勺、清理茶壶口的茶通、把茶叶装进茶壶的茶漏等。收集这些小道具，进一步感受品茗中国茶的时光。

茶则

用于把茶叶倒进茶壶或茶碗时的工具。

茶荷

用来装茶叶的器皿。用其把茶叶装进茶壶的时候很方便。

1	2	3
煮开水	称量茶叶	泡制

热水壶

什么类型的热水壶都没问题，甚至可以用锅来代替。为了泡出茶香，泡制中国茶讲究使用沸水。

茶壶

用来泡中国茶的茶壶。如果女性使用，应该选择小号且轻便的茶壶，以方便使用。陶器质地的茶壶，拥有较高的保湿能力，适用于青茶、黑茶。但是陶制茶具容易转移茶的味道，所以请根据茶叶的种类来选择合适的茶壶，并且应该保证不混用。瓷器质地的茶壶能保存住茶汤的香气，只需1个茶壶就能适用于各种茶叶。玻璃质地的茶壶，能一边泡茶一边赏茶，适用于绿茶、白茶、黄茶、花茶等种类。

绿茶、白茶、黄茶、花茶　　　　所有种类都可　　　　青茶、黑茶

玻璃质地　　　　　　陶器质地　　　　　　瓷器质地

茶盘、茶船

茶盘或茶船，是用来接住从茶杯中溢出来的热水的器皿。泡制中国茶的时候，基本上都要把茶杯放在这上面来操作。竹制器具风情万种，最常见。陶制器具用来搭配陶制茶壶和茶具。如果没有茶盘或茶船，可以用深一点的盘子或小盆代替。

水盆

用来盛放不要的茶叶或茶渣。

茶海

不要把茶直接倒进杯子里。应该先把茶倒进茶海中，以便让茶汤浓淡均匀。

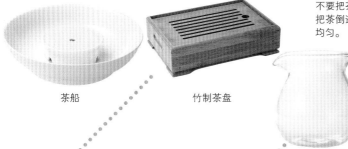

茶船　　　　　竹制茶盘

玻璃制　　　　陶瓷制

4 预热茶壶 → **5** 倒茶 → **6** 饮茶

百搭茶杯

无论是绿茶、黑茶、黄茶，还是白茶，都适用于右侧这两款百搭茶杯。盖杯，可以成为茶壶的替代品存在。而带有茶滤和盖子的马克杯、盖杯，则是中国日常生活中最常见的便捷杯型。

盖碗

盖杯

希望享受茶香

闻香杯，是用来欣赏茶香的最好的杯型，基本上都是成套销售，最好有一个配用的茶托。

闻香杯

茶杯

杯底圆润、杯口略向外翻，这种造型是为了最大限度体现出茶汤的香气。尽量选择质地薄一些的茶杯，能更好地感受到茶汤的气息。

冲泡美味中国茶的方法

在中国茶中，有"茶醉"这个说法。
是指像喝到了好酒一样，沉醉在茶汤的香气中，有身心舒畅的感觉。
为了泡制出令人沉醉的美味茶汤，请记住以下几个要点。

不同的茶具需要不同的泡制方法，请提前了解

要点 1

不同的中国茶茶具，需要用不同的泡茶方法来处理（参考 p.78~91）。只需要 1 人份的茶汤是可以选择盖碗或盖杯。用来招呼客人的时候，推荐使用工夫茶的茶具（参考 p.78）。为了感受茶汤的香气，建议使用闻香杯。请根据不同的用途来区分使用茶具。

茶杯

盖碗

闻香杯

正确称量茶叶的分类

要点 2

茶叶的用量也因为种类而有所差异。茶叶窄细、茶汤深浓的黑茶，用量就少一点。全叶类型（leaf type）的绿茶或白茶、黄茶，需要清淡一些的乌龙茶等青茶，用量就应该多一些。

务必使用沸腾的开水

要点 3

中国茶的特点之一，就是馥郁的香气。用沸水来冲泡出这种香气吧。但如果希望烘托出香味和甘甜，应该参考下一页的表格，进行低温冲泡。发酵程度较高的红茶和黑茶，尽量选择高温水。而发酵程度较低、味道细腻的绿茶和白茶等，可以尽量选择低温水。

要点 **4**

不怕浪费水

　　用热水冲烫装好了茶叶的茶壶，再把热水浇在茶杯或茶海上……冲泡中国茶的时候，就是要用这么多的热水。多煮一些开水，不要担心浪费哦。

要点 **5**

闷泡时间短

　　不同种类的茶叶，需要不同温度的热水，各自闷泡的时间也不一样。详细信息请参考下表的内容。绿茶、白茶、黄茶，所需时间相对较短，使用100℃沸水的时候，只要浸泡约20秒就可以了。

要点 **6**

第1泡要倒掉，从第2泡开始逐渐调节味道

　　中国茶的特征之一，就是留香持久，能冲泡好几次。请根据第1泡的味道，调整茶叶使用量、闷泡时间等。

推荐茶叶使用量、热水温度、闷泡时间、冲泡次数

茶叶种类	茶叶分量	热水温度	闷泡时间	冲泡次数
青茶	茶叶完全舒展开的时候，挤满茶壶内部	85~100℃	1~1.5分钟	5~8泡
绿茶	窄细茶叶容器的1/10左右 普通茶叶容器的1/5左右 大片茶叶装满容器	75~85℃	40秒~1分钟	4~5泡
白茶	容器的1/5左右	75~95℃	1~10分钟	3~4泡
黄茶	容器的1/5左右	75~95℃	1~5分钟	4~5泡
黑茶	容器的1/10左右	95~100℃	1分钟	5~6泡
红茶	容器的1/10左右	95~100℃	1~1.5分钟	5~6泡
花茶	根据茶叶实际情况	75~85℃	开花为止	3~4泡

用茶壶泡茶的方法

使用中国茶的茶具，就要尽力冲泡出地道的中国茶。
貌似复杂，但只要掌握要领，大家都能泡出美味的茶汤。

用传统的中国泡茶方法，享受中国茶的乐趣

用来冲泡乌龙茶等青茶的茶壶和茶杯，叫作"工夫茶具"。用工夫茶具泡出的茶，叫作"工夫茶"。所谓工夫，就是花费时间、用心制作的意思。使用工夫茶具，精心冲泡出美味、美丽的茶汤，这个过程叫作"茶艺"。花费时间，精心冲泡，这就是中国风的传统泡茶方式。一起来试试看吧。

要点是仔细精心、毫不停顿，泡茶手法如行云流水一般。当然，一定要事前准备好必要的道具。向装好了茶叶的茶壶上浇热水的时候，要从高处转着圈浇下来。这样操作不但动作优美，也能留出充足的时间闷泡茶叶。古人思考出的泡茶方法，总是能尽可能优雅地把情绪融入环境当中。

【适用于工夫茶具的中国茶】
· 青茶（乌龙茶等）

【使用的器具】

· 茶壶 　　· 茶托
· 茶盘（茶船）· 茶则
· 茶海 　　· 茶荷
· 茶杯 　　· 热水壶

1 向茶壶里倒热水

用热水壶烧水，沸腾以后注入壶中。

2 预热茶壶

热水一直浇到溢出来，盖上盖子让茶壶预热。

3 预热茶杯

把茶壶里的热水倒进茶杯中，预热茶杯。

4 装茶叶

从茶罐里把茶叶转移到茶荷中，用茶则倒入茶壶里。如果有茶漏，可以使用茶漏。

5 倒入热水

把沸腾的热水注入茶壶。为了让茶水飘香，要让热水多到溢出。这是重点，务必掌握。

6 闷泡茶叶

用茶勺剔除水面的茶泡，盖上盖子闷泡。如果没有茶勺，可以用茶壶盖子撇掉茶渣泡沫。

7 把茶转移到茶海中

把茶壶里的茶汤转移到茶海中。这时候的茶汤不能喝，请倒掉。

8 冲泡第2泡

再次把沸腾的热水注入壶中。

9 闷泡茶叶

盖上盖子，闷泡茶叶。浸泡美味茶汤。

10 给茶壶保温

为避免冲泡过程中茶汤冷却，还要盖上盖子，然后从茶壶上面浇热水。推荐冲泡时间为3分钟。

11 把茶汤倒进茶海中

使用茶滤，把茶汤从茶壶转移到茶海中。一口气把茶汤都转移到茶海中，才能让茶汤浓淡均匀。请把所有的茶汤都倒出来。

12 往茶杯中倒茶

把茶杯中的热水倒干净，从茶海中把茶倒进茶杯。

13 饮茶

静静含在口中，感受舌尖上传来的婉转茶香。一边辨别茶汤的清香，一边享受气味带来的余韵。

熠熠发光的传统工艺，带来工艺茶的视觉盛宴

享受中国茶的时候，请务必了解一下工艺茶（参考 p.81）。

所谓工艺茶，就是带枝摘取茶树新芽，然后一枚一枚地把茶叶摘下来，再由匠人手工捆绑成各种各样的形状。其中，花朵造型的工艺茶比较常见。

把热水浇在工艺茶上，茶叶会缓慢地绽放开，像水中花一样舒展出美丽的姿态。因此，也被称为"艺术茶"。茶叶舒展的过程极为优雅，香气、味道，以及观赏感受都令人叹为观止。大多数的原料茶没有异味，入门者可以放心品尝。

锦上添花（参考 p.55）、茉莉仙桃、海贝吐珠等都比较有名。如果您有兴趣，可以尝试一下。

用闻香杯感受香气

闻香杯，就是为了更好地体现茶香而设计的茶具，
特别是在冲泡浓香型乌龙茶的时候使用。
闻香杯比一般的茶杯高一些，口径窄一些，因此能把香气聚拢其中。
也可以与普通茶杯配套使用。

独特的茶具，能充分发挥中国茶的香气

闻香杯，是名副其实用来闻香气的茶具。正确的使用方法是，把闻香杯中的茶汤倒进茶杯中，然后鼻子靠近闻香杯，感受残留其中的香气。

闻香杯的形状像一个小筒，能把香气闭合在里面。即使在喝茶的时候没有注意到，细腻的茶香也还是存在的。所以使用闻香杯，就能体会到如此清幽茶香。

在茶品专卖店中，你会发现色彩各异、形态不同的各种闻香杯，价格便宜。跟茶杯、茶托搭配成一套茶具，更进一步领略中国茶的世界吧。

【适用于闻香杯的中国茶】
· 青茶（乌龙茶等）

【使用的器具】
· 茶壶
· 茶盘（茶船）
· 茶杯、闻香杯、茶托
· 茶则（可以用茶具套装代替）
· 茶荷
· 热水壶

1 把茶汤注入闻香杯

参考 p.73~75 中 1~11 的内容，用同样方法把茶汤倒进茶海里。闻香杯也要用热水预热，倒掉热水后注入茶汤。

2 把闻香杯放在茶托上

闻香杯要摆放在茶托的左侧。

3 把茶杯摆放在茶托上

茶杯摆放在茶托左侧，位于闻香杯的旁边。

4 拿起茶具

把茶杯扣在闻香杯的上面，用拇指和其他手指从上下分别捏住茶具。

5 转移茶汤

快速翻转茶具，以防茶汤溢出。抬起来以后，在空中快速翻转，让茶杯在下面，闻香杯在上面。

6 闻香杯归位

把空闻香杯重新摆放在茶托上。

7 享受余香

双手拿起闻香杯，靠近鼻子旁边，嗅闻杯中香气。感觉到丰富的香气以后，就可以继续往杯中倒茶了。

77

【用盖碗泡茶的方法】

倒茶、饮茶、洗茶。如果只能用一个容器完成整个过程，就要用到盖碗了。
仅此一个，就弥足珍贵。使用起来像贴合在手上一样便利，是可以日常使用的茶具。

刚开始收集茶具的时候，建议从盖碗开始

附带盖子的小茶杯叫作"盖碗"，属于什么茶叶都能冲泡的万能茶具。只要有这一个小物件，就可以无视茶壶、茶杯、闻香杯，仅此一个就能冲泡出地道的中国茶了。

如果使用盖碗，饮茶之后处理茶叶的步骤也变得简单。因为使用方便，一般家庭常常会用到。

饮过第1泡茶之后，只要再往盖碗里面倒一点水，还能继续喝上几杯好茶。从第2泡开始，每一杯的冲泡时间要长一些，直到泡出自己喜爱的浓淡程度。

刚开始使用的时候可能还不太适应，一旦上手以后它就会变成再也不能缺少的一款茶具了。

【适用于盖碗的中国茶】
· 绿茶、白茶、黄茶、红茶、花茶等

【使用的器具】
· 盖碗、茶托
· 茶海
· 茶则（可以用茶具套装代替）
· 茶荷
· 水盂（如果没有，可以用小盆代替）
· 热水壶

1 向盖碗中注入热水
用热水壶把自来水煮沸，沸腾以后注入盖碗中。

2 预热盖碗
手持盖碗，用手腕的力转动盖碗，让热水沿着碗边缘转一圈。

3 倒掉热水

盖碗中的热水倒入水盂。提前预热好茶具，才能在倒进茶汤以后更好地散发出茶香。

4 装入茶叶

使用茶则把茶叶装入盖碗。茶叶盖住盖碗的底部即可。

5 注入热水

这时候，茶海中的热水已经稍微凉了一些。把茶海靠近盖碗的边缘，一边绕圈，一边把热水注入盖碗中。水的高度达到盖碗的7~8分满即可。

6 倒进茶海

稍微静置一段时间，然后用盖子轻轻搅动热水和茶叶。盖上盖子，留出一点缝隙，然后把茶汤倒进茶海里。

7 倒茶

再从茶海里把茶汤倒进盖碗。经过注入茶海再倒回来的过程，茶汤的浓度就均匀了。

8 饮茶

静静含在口中，感受舌尖上传来的婉转茶香。一边辨别茶汤的清香，一边享受气味带来的余韵。

【用玻璃杯泡茶的方法】

冲泡中国茶，讲究"一看、二闻、三品"的顺序。
为了最大限度享受"一看"的乐趣，
来试试用玻璃杯泡茶吧。

欣赏茶叶静静开放的样子

适合用来观赏的茶叶，包括绿茶中的西湖龙井（参考 p.55）、白茶中的白毫银针（参考 p.56）、黄茶中的君山银针（参考 p.57）等。茶叶上下翻滚、优雅绽放，不知不觉之间就让人身心放松下来。

除此之外，花茶中的玫瑰花茶、菊花茶（参考 p.65）等可爱的花朵，也能给视觉感官带来美好的享受，让人仿佛置身于旖旎的梦境一般。

不需要刻意追求中国茶专用的玻璃杯，只要是耐热玻璃制品就可以。如果有盖子，能形成闷泡茶叶的环境，则最为理想。如果没有盖子，可以用小盘子代替。

1 预热玻璃杯
热水注入玻璃杯中。旋转玻璃杯，全面预热。

2 装入茶叶
倒掉热水，把茶叶装入杯中。

【适用于玻璃杯的茶叶】
· 绿茶、白茶、黄茶、花茶等

【使用的器具】
· 透明玻璃杯（耐热玻璃制）
· 茶荷
· 茶则（可以用茶具套装代替）
· 热水壶

3 注入热水
注入热水，让茶叶转动着漂起来。

使用工艺茶的茶杯泡茶

工艺茶可以提供视觉享受

　　绿茶、白茶、黄茶、花茶之外，请一定要用透明容器冲泡锦上添花（参考 p.55）这种工艺茶（参考 p.75）。

　　冲泡方法非常简单，只要把茶叶丢进玻璃杯或茶壶里，注入热水即可。在加工过程中，匠人们已经用丝线捆好了一定分量的工艺茶，所以可以省略量茶的步骤。本书的照片里，用的是以最高级绿茶为原材料、包裹了千日红等花朵的工艺茶——心心相印。心形茶叶在热水中缓慢张开，呈现出红色的花朵。

4 中途停止
注入 1/3 左右的热水时，先停下来。稍作等待后，再继续注入热水。

准备茶叶和茶具

请准备带盖子的透明玻璃杯，建议使用透明茶壶。

5 闷泡茶叶
盖上盖子，闷泡茶叶，同时观赏茶叶慢慢舒展的状态。饮用的时候，吹一口气让茶叶散开。

1 注入热水
将茶叶装进提前预热好的茶杯，倒入热水。

2 闷泡茶叶
盖上盖子，闷泡茶叶，享受茶叶舒展的美景。

【用茶壶泡茶的方法】

使用传统的中国茶具，按照本土流程品味茶汤，这是乐享中国茶的方式之一。

但是，从一开始就收罗齐整套茶具还是一件很困难的事情。

那么，就先用身边常见的茶壶来练练手吧。

如果茶壶够大，请放心用它来招呼客人吧。

基本方法与红茶一样！可以用茶壶冲泡红茶或黑茶

需要摆放到餐桌上的时候，大家喉咙干涩都想喝茶的时候，一口气招待很多客人的时候……一个大茶壶总能让你松一口气。不需要刻意追求中国茶的专用茶具，用家里本来就有的茶壶就可以。如果只需要为1~2人泡茶，那么小一点的茶壶也没问题。

基本冲泡方法，可以参考原味英国红茶或者日本茶的冲泡方法。把茶叶放入茶壶中闷泡，然后倒进茶杯中就大功告成。可以选择的茶叶有云南红茶、普洱茶等黑茶，因为这些茶叶的味道比较浓厚。

如果使用小沱茶或饼茶，可以先用刀把茶块分开。如果饮用黑茶，为了把长期发酵期间产生的污垢和灰尘洗掉，就不得不扔掉第1泡茶（洗茶）。品尝黑茶的时候，通常都是从第2泡开始。与红茶和日本茶不同，一壶中国茶总能品尝很多泡，这也是中国茶惹人喜爱的原因之一吧。

【适合用茶壶冲泡的中国茶】

· 红茶

· 黑茶

【使用的器具】

· 茶壶

· 茶杯

· 热水壶

1 装入茶叶
按人数把茶叶装入茶壶中，每个人大约需要 4g 茶叶。

2 注入热水
沸水注入茶壶中，同时把热水倒进茶杯中，预热茶杯。

3 闷泡茶叶
盖上盖子闷泡茶叶。建议时间为红茶 2~3 分钟，黑茶在洗茶后还需要 1~3 分钟。

4 倒茶
倒掉茶杯中的热水，倒茶。为了让茶汤浓淡均匀，每次倒的茶要少一点，多倒几次。

选择茶具①
越用越有味道的茶壶

了解了更多中国茶的知识以后，就会对茶具产生兴趣。在中国茶具中，不仅有景德镇茶具那种高价商品，也有价格低廉形态可爱的商品，种类非常丰富。因为茶具，才慢慢喜爱上中国茶的人也大有人在。

在中国茶具中，最先入手的应该就是茶壶了吧。茶壶的材质有很多种，例如陶瓷、玻璃等。陶制茶壶的特点是美丽的花纹——纯净的白色、严厉的黄色、精美的花纹等，都是陶制茶壶特有的魅力。另外还有烧制而成的茶壶款式，这种茶壶最能烘托出品鉴中国茶的气氛。

选择茶壶的时候，要注意从茶壶的侧面看，壶嘴、开口部位应在一条直线上；从茶壶上面看，左右应当对称。另外，茶壶的整体应该匀称均衡，便于初学者使用。

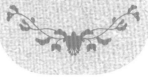

【用盖杯泡茶的方法】

盖杯，指的是带盖子的马克杯。
在中国茶专卖店，可以找到中国风盖杯，但即使用英国红茶用的盖杯也完全没问题。
工作的间隙，拿起身边的杯子品一口中国茶吧。

工作的间隙，用盖杯泡一点中国茶吧

在中国茶专卖店，您可以发现各种图案的筒状马克杯。这些杯子要比平常的马克杯高一些，附带有盖子和茶滤，被称为"有耳盖杯"。在杯子中间附带的茶滤，通常为陶瓷材质。在中国，这种便利的茶具非常常见。从外观来分类，有纯色、花竹、熊猫、金鱼等充满中国特色的图案。如果喜欢，也可买一个当作平常的马克杯使用。

盖杯的材质有很多。瓷器盖杯的保温性能略低，适用于对水温要求不高的绿茶或白茶。紫砂盖杯的保温性能卓越，特别适用于要求高水温的青茶或花茶（紫砂，是一种只有在江苏省宜兴市才能找到的贵重土壤。这种土壤烧成的茶具，表面有大量小气孔。这些气孔可以吸收茶汤里面的异味，让茶汤的纯正香气更上一层楼）。

用工夫茶具品尝地道的中国茶，是一件赏心悦目的乐事。但是在临时起意想喝一杯中国茶的时候，就能体现出盖杯的魅力了。

【适用于盖杯的中国茶】
· 绿茶
· 白茶
· 青茶
· 花茶等

【使用的器具】
· 盖杯
· 热水壶

1 放入茶叶

把茶滤放在预热好的盖杯里，茶叶的分量应为容器的 1/5 左右。

2 注入热水

从茶滤上面注入热水。冲泡绿茶的时候，水温稍低；冲泡青茶或花茶的时候，请使用沸水。

3 闷泡茶叶

盖上盖子闷泡茶叶。清茶需要 1~3 分钟的闷泡时间，白茶需要 2~10 分钟，绿茶或花茶需要 2~3 分钟。

4 除去茶叶

时间结束后，拿起茶滤，扔掉茶叶。

选择茶具②
以一顶百的万能茶具——盖碗

　　盖碗，既能当作茶壶用，也能当作茶碗用，可谓万能茶具。刚刚入门的人，往往想这样也试试，那样也试试，这时可以从盖碗开始入手，渐渐扩大自己享受饮茶文化的范围。

　　在选择盖碗的时候，要仔细观察盖子。与日本茶常用的带盖子的茶碗不同，盖碗并不是那种严丝合缝的容器。从杯子里往外倒茶的时候，杯子和盖子之间要有一点宽松的缝隙才好。在泡茶的时候，倒进去的热水会带着茶叶一起往上涌。这时候，盖子能随着热水一起上升，才算得上是合格的盖碗。留意这一点以后，就可以根据个人审美选择合适的盖碗了。

　　寻找茶具的时候，虽然盖碗价格合理，款式繁多，你一定能找到中意的款式，但其中不乏质量有问题的产品。请在购买的时候，仔细确认盖子的形状是否合适，边缘有没有缺口等。

中国茶的历史

中国茶、日本茶、红茶，这些茶树的始祖都是中国。
也就是说，中国茶的历史几乎等同于茶的历史。
从上流社会的奢侈品，到平民百姓家的餐桌，
再到商贸交易的主角……
让我们一起回顾一下中国茶的历史吧。

茶叶最早的用途是解毒药

早在5000多年前，中国茶就已经登上了历史的舞台。被誉为茶圣的唐代陆羽，在自己编著的《茶经》一书中提到："传说中药始祖神农氏，在尝百草的时候发现茶叶具有解毒的功效。"在汉代，茶叶是被当作药物来食用的，而非像现今这样饮用。这个时期，茶叶产地集中在云南省、贵州省、四川省周围。而生长在这一片土地的茶树，被认为是全世界茶叶文化的起源。

从食用到饮用的演变，茶叶走向了"贡茶"之路

到了汉朝（前206—公元220年），茶叶渐渐从"食物"向"饮品"转变。三国时期（220—280）的史书《三国志·吴志》当中，记载着"以茶代酒"的字样，这意味着茶汤已经成为可以代替酒的饮品。到了晋朝（265—420）时期，安徽等地开始向皇帝进贡质地最上乘的茶叶。就这样，饮茶习惯不断深入人心。

中国茶年表

[古代]
公元前2700年左右
传说中的神农氏发现茶叶的解毒作用，开始把茶叶用于药用。

[汉朝]
公元前59年左右
茶叶作为个人爱好，成为日常饮品。

[晋朝]
相传开始向皇帝进贡"贡茶"。

从上流社会到平民百姓

到了南北朝时期（439—589），茶叶产地不断扩大，茶叶成为上流社会享乐的奢侈品。隋（581—618）、唐（618—907）时期，饮茶的风俗在百姓阶层萌芽，各地都出现了茶馆的形态。在新茶上市的季节，甚至会有辨别茶叶种类以决胜负的"斗茶"活动。在宋朝（960—1279），茶叶制作飞速发展，喜爱茶叶的民风已经根深蒂固。

登上历史舞台的中国茶

明朝时期（1368—1644），盛行茶叶与马进行交换的"茶马贸易"，同时茶叶也成为国防领域不可或缺的东西。从1600年开始，以英国为中心的欧洲地区开始盛行红茶文化，中国开始出口茶叶。在中国茶叶出口量不断增加的时候，英国财政方面呈现出捉襟见肘的窘态。为了从中国政府手中掏出更多的银两（当时国际交易的货币是银子），英国把印度鸦片卖向中国市场。如此一来，中国官银大量流失、财政匮乏，社会状态也因为鸦片盛行而陷入风纪混乱的状态。1839年，中国禁止进口鸦片，并由此引发了鸦片战争。在北京条约中，英国和德国控制了中国茶贸易的实权。

中国茶艺的盛行

自中华人民共和国成立后，中国台湾的茶叶栽培也开始发展起来。也是从这个时候开始，独特的饮茶方式——"茶艺"开始发展。茶叶文化以新的方式再一次进入了人们的视野。

近年来，乌龙茶、花茶等在日本掀起了热潮，更多的人开始享受芳香馥郁的中国茶了。

[唐朝]
760年左右
陆羽将茶的起源、制作方法、品鉴茶具等内容整理到一起，编制出《茶经》一书。这本书被誉为茶叶文化的"圣经"，是宝贵的文献资料。
805年左右
到访中国的遣唐使，把茶叶带回了日本（参考 p.42）。
[明朝]
1600年左右

欧洲的红茶文化遍地开花，中国开始出口茶叶。
[清朝]
1839年以后
发生鸦片战争，英国和德国控制了中国茶贸易的实权，红茶以外的中国茶生产逐渐衰退。
[中华人民共和国成立后]
中国台湾开始盛行茶树栽培，"茶艺"开始发展起来。

中国茶的选择和保存方法

您可以在这里先浏览一下中国茶世界的全貌，
再从中选择喜爱的茶叶种类吧。

购买中国茶

选购中国茶的时候，可以光顾中国茶专卖店、网店、超市等。

中国茶的种类繁多，要从中挑选出喜欢的茶叶可以算得上是一种挑战。所以我们可以前往中国茶专卖店，经过试饮、征求专业服务人员的建议后，再决定购买的品种。

特别是购买黑茶的时候，需要格外注意。因为黑茶在加工过程中耗时漫长、工艺复杂，所以可能出现假冒伪劣产品。购买乌龙茶、茉莉花茶等商品化了的种类，则可以到超市挑选茶包类型的茶叶。

选择中国茶

刚买茶叶的时候，可能想象不出茶叶的味道。所以如果条件允许，请在购买前试饮。请参考 p.54~p.65 的 7 种茶叶介绍，向店员咨询相关信息，多试饮几个品种。品种相同的茶叶，也会因为产地、发酵程度、茶树个体差异，而在味道上大相径庭。而且也一定会有当季制作的"应季茶"。所以在都品尝以后，再做决定吧。

在中国茶专卖店，大多以 50g（高级茶的单位为 25g）为单位销售。看起来分量很少，但中国茶一次可以泡到第 5 泡、第 6 泡（这是与日本茶截然不同的地方），所以这些分量其实并不少。茶叶装进袋子里以后，要注意遮光、避免潮湿。建议使用真空包装。

保存中国茶

买回来的茶叶请务必密封保存。如果不密封而随意放置，茶叶就会吸收空气中的水

茶叶的确认事项！

☐ 茶叶的大小形状统一吗？茶叶有光泽吗？香气正常吗？

靠近茶叶，用鼻子来确认。

☐ 茶叶里面有异物和灰尘吗？

如果混入了小小的垃圾，可能意味着生产管理体制存在问题。

☐ 有潮气吗？

把茶叶捏碎，看看会不会"啪"地碎裂开。

装入茶叶以后的确认事项！

☐ 香气正常吗？

如果是好的茶叶，倒入热水的瞬间就能溢出扑鼻的香气。

☐ 色泽通体透明吗？

好的茶叶能泡出通透的茶汤，熠熠生辉。

☐ 是那种没有苦味、涩味的美味茶汤吗？

茶汤本来不应该有强烈的苦味和涩味。请选择味道细腻、留香持久的茶叶。

☐ 茶渣整洁吗？

试饮后，请确认茶叶有没有破损，是否还保持完好的状态。

分而发生氧化反应。如果是这样，开封2周左右开始茶叶的香气就会挥发，1个月以后味道恶化。茶叶遇到阳光会快速变质，建议装入不锈钢罐或锡箔纸袋中，放在阴凉的地方保存。

有人喜欢把茶叶放在冰箱里保存，但是冰箱里各种气味混合在一起，一旦沾染到茶叶上，就是对茶叶的致命伤。所以这种做法未必合适。特别是从冰箱里取出茶叶以后，强烈的温差会令茶叶表面结露，需要格外注意防范。

如果是饼茶等被压缩的固体茶，就不需要这么紧张了。只要避开潮湿、阳光直射、高温的场所，然后用干燥的纸包起来放进陶瓷容器中保存即可。因为饼茶的表面积大，圆盘外侧更容易发生老化的问题，所以可以从饼茶的外侧开始，敲碎一点喝一点。

确认存放地点

☐ **存放地点有潮气吗？**
冰箱、洗碗盆下面的柜子等，都属于潮气比较重的地方，请尽量回避。尽量使用密封容器，并在容器内装入干燥剂一起保存。

☐ **存放地点被日光直射吗？**
紫外线会让茶叶变质。如果用透明袋子和玻璃容器保存，请务必摆放在柜子、抽屉等阴暗地点。

☐ **附近有强烈的味道吗？**
要保存好茶叶细腻的香气，就要避免茶叶沾染到强烈的味道。不可以放在香辛料的附近。放在冰箱、冰柜里，也有可能受到其他食物气味的影响。

☐ **周围会产生强烈的温差吗？**
请避免高温场所，常温保存即可。

保存中国茶

金属容器保存
可以用铁茶叶罐保存。用花纹美观的罐子保存茶叶，看起来就赏心悦目。喝空了日本茶以后，可以直接用空罐子来装中国茶。

陶瓷容器保存
如果有专用的保存容器，就能简单地与空气和日照隔离开，非常方便。市面上就可以买到陶瓷或素烧的容器。但即使用不锈钢、木质容器也没关系。

袋装保存
如果要防范潮气或异味，可以选择有密封功能的保鲜袋。但尽管如此，被阳光直射以后还是会变质，所以别忘了及时放进柜子里。

地区改变，习惯也有所改变

亚洲的各种茶饮

不仅在日本、中国、英国，全世界的很多地方都有饮茶的习惯。
在这里，介绍几款风靡亚洲的个性茶饮。

 韩国

根据医食同源的理论，开发出很多对身体有益的茶饮

在韩国，很少喝直接用茶树叶做成的茶汤，而是用柚子等水果、玉米、大麦壳、生姜、桂皮等中药材来泡茶。无论哪一款，都是根据医食同源的理论开发出来的健康饮品。

柚子茶

韩国传统茶饮。柚子皮切成细条和蜂蜜、砂糖放在一起，腌渍成果酱状，然后泡饮。味道甘甜，维生素C含量丰富，具有预防感冒、缓解疲劳、美容养颜的功效。在韩国，还有用花梨、枣泡茶的习惯。

 缅甸

像吃腌菜一样吃茶

在缅甸，人们会把蒸熟的茶叶装进竹筒里，自然发酵后食用。这种茶叶，被叫作"茶叶沙拉（LaPhet thoke）"，味道有点像腌菜。食用这种茶叶的时候，会和坚果、干虾、盐、花生油拌在一起。

茶叶沙拉

将茶叶放在容器中间，旁边盛上坚果等食物，这就是缅甸风格的茶叶沙拉。

 泰国老挝

据说有排毒效果的浓香茶汤

在泰国和老挝，人们喜欢泡饮一种叫作沉香的香木叶子。沉香叶可以有效提高肠胃蠕动、促进排便，对排出体内废旧物质有特效。其香气浓郁，褐色茶汤优美动人。

沉香茶

苦味淡薄，味道清甜。热茶、凉茶都美味宜人。

第三章 红茶

Black Tea

早餐的配餐、工作的间歇、午后的茶饮、睡前的小酌……红茶就是这种能放松我们身体、治愈我们精神的所在。无论是红茶茶叶还是红茶茶包，只要掌握要点，每个人都能泡出美味的红茶。

红茶可以预防疾病

红茶中富含丹宁、咖啡因、茶氨酸等成分。

其中，丹宁具备抗氧化作用，能有效预防生活习惯病、癌症等，因此备受关注。

而咖啡因则能促进脂肪燃烧、新陈代谢。

正因如此，红茶不仅美味，还具备广泛的健康效果。

红茶的成分

钾

一种矿物质，具备利尿效果。可以在缓解便秘、消除水肿时发挥功效。

B 族维生素

含有有助于缓解疲劳的维生素 B_1、B_2 和烟酸。

茶氨酸

氨基酸的一种，决定红茶香味的成分。具有镇静亢奋的情绪，缓解紧张的作用。

β - 胡萝卜素

β - 胡萝卜素进入体内后将转变为维生素 A，从而起到抗氧化、保护皮肤和头发的作用。

丹宁

决定茶饮色泽和涩味的成分。红茶中，含有红茶类黄酮、儿茶素等成分。

氟素

牙膏中含有的一种成分，可以有效防止龋齿。

氨基酸

红茶的甜味和香气都来自氨基酸。红茶中除了茶氨酸之外，还含有谷氨酸等成分。

咖啡因

决定红茶苦味的成分。具备刺激脑部活动、消除困意、缓解疲劳等功效。

带来多种健康效果的丹宁

丹宁，是决定红茶涩味和醇香的一种成分。与中国茶叶种类相比，阿萨姆红茶（参见 p.46）中的丹宁含量高达 1.2~1.5 倍。红茶中的丹宁里，含有红茶类黄酮及儿茶素，这些成分正是红茶具备健康效果的主要原因。

红茶类黄酮能起到预防生活习惯病和癌症的作用

丹宁中含有的红茶类黄酮是一种"抗氧化物质"，可以对抗促进细胞老化的活性氧成分。活性氧，会给细胞和血管造成伤害，是引发糖尿病、高血压、脑梗死、心脏病等生活习惯病的原因，甚至可能导致癌症的发生。红茶类黄酮能防止活性氧造成的伤害，同时通过降低血液中的胆固醇，起到防止动脉硬化的作用，有效预防糖尿病或高血压。

红糖类黄酮与维生素 C、维生素 E、β-胡萝卜素、番茄红素等一起摄取，其效果更佳。也就是说，在食用沙拉或甜品的时候，可以选择红茶佐餐。

通过漱口预防感冒

除了红茶类黄酮以外，儿茶素也是有益健康的成分。日本茶中含有大量的儿茶素，而红茶中的儿茶素类成分具备比绿茶儿茶素更强大的消毒杀菌作用。对于附着在咽喉黏膜上的细菌来说，红茶儿茶素能起到抑制其活性的作用。热饮红茶，还能保持身体温热的状态。所以在容易感冒的冬季里来一杯热气腾腾的红茶，能自然而然起到预防感冒的作用。

对于导致食物中毒的细菌也能发挥高效杀菌效果

对于那些可能导致食物中毒的沙门氏菌、肠炎弧菌、葡萄球菌等细菌，儿茶素类也能发挥强大的杀菌效果。用红茶佐餐，可以起到消灭导致食物中毒的有害细菌的作用。

美容减肥的功效

如果您正在减肥，推荐您在运动之前喝点红茶。在消耗身体能量的时候，通常身体中的糖分会最先被消耗掉，随后体内脂肪才开始被分解。但最近的研究结果显示，如果能在运动前的 30 分钟~1 小时饮用红茶，其中的咖啡因成分能让体内脂肪先行燃烧。咖啡因能促进体内新陈代谢，防止皮肤表面产生斑点或细纹。因此，红茶也是美容瘦身的佳品。

第三章

红茶

93

适合搭配红茶的甜品

虽然都是红茶，但其实口味和风格也会有所差异。
用上乘的原味红茶搭配个人钟爱的烘焙西点，
用味道浓郁的风味红茶搭配口味香浓的奶油蛋糕……
一起来享受不同的搭配组合吧。

不仅适合西点，也能搭配和风点心

红茶的制作工艺中，已经让茶叶经历了完全发酵（参见 p.46）的过程，因此红茶的悠长醇香才有别于日本茶和中国茶。当我们用不同种类的红茶来搭配甜品的时候，就能享受到多姿多彩的口味感受。

特别是红茶中的丹宁成分能带给口腔清新的感受，所以很适合与浓香的曲奇饼干或甘甜的红豆和风点心搭配。

奶油饼干

奶油饼干等烘焙西点，可以百搭各种红茶。可以尝试一下奶油饼干与上乘的原味红茶的组合。味道纯正的红茶口味，与烘焙点心的味道相互映衬，回味悠长。

司康

含有大量黄油的司康或切块小蛋糕，不仅可以搭配原味红茶，与奶茶也能组成非常可口的套餐。如果司康本身已经搭配了奶油或果酱，也可以考虑风味红茶。

马卡龙

口感轻盈、风味独特的马卡龙，
本身的味道就足以让人回味许久
了。搭配大吉岭或乌沃红茶，则
更能突出马卡龙的甜蜜感。

面包圈

嚼劲十足的面包圈，与味道厚重
的阿萨姆红茶搭配，才能体现口
感和口味的平衡。红茶中的丹宁，
能带来唇齿留香的感受。

卡斯特拉

对于卡斯特拉、戚风蛋糕这种蓬松
的海绵蛋糕，锡兰红茶才最能烘托
其柔嫩的香甜。也可以考虑阿萨姆
的奶茶。

芝士蛋糕

芝士蛋糕的味道浓厚，可以试着与清新的尼尔吉里茶搭配，也可以考虑伯爵格雷红茶。

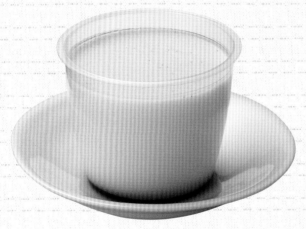

布丁

布丁或泡芙等奶香十足的甜品，很适合搭配涩味浓烈的阿萨姆红茶或乌沃红茶的奶茶。加拉梅尔等风味红茶也非常适合。

杏仁豆腐

当杏仁豆腐与锡兰红茶一起融合在口腔当中，味道好像杏仁味的奶茶一样，带来发现了新口味的惊喜。

铜锣烧

红茶与使用了红豆的和风点心非常登对。印度红茶类的阿萨姆、锡兰红茶等，都多少有一些甜味，原味饮用就很可口。

仙贝

尽量不要让茶饮的口味影响到仙贝浓厚的香气，所以可以选择调和口味的锡兰红茶或原味的肯尼亚红茶来搭配。

尽情享受饮茶时光

英国是红茶的主场，英国人都习惯在"下午茶时光"中乐享红茶与西点。

下午茶时光，起源于19世纪中期，源于贵族阶级在观剧前吃些轻食来填饱肚子的习惯。这种行为不仅是一种餐饮习惯，更是当时的一种社交方式。

现在，咖啡馆、饮品店等很多地方都可以享受到下午茶。三层的甜品架上摆放着豪华而可爱的三明治、司康、小蛋糕等甜品，旁边摆放着精巧的红茶杯，我们可以在流淌着的轻音乐中享受奢侈的下午茶时光。偶尔，也享受一下这种古代贵族阶级的生活习惯吧。

红茶的种类

大吉岭、阿萨姆、锡兰等红茶的名称大多来自红茶的原产地地名。
即使茶叶的产地相同，也会因为茶园或收获时期的区别而导致风格迥异。
了解一下各种红茶的个性，以便找到自己最钟爱的那一款红茶吧。

印度的红茶

印度是红茶大国，产地和收获期会影响茶叶的味道和香气

据说印度的红茶产量高居世界第一，是当之无愧的红茶大国。而且印度的红茶消费量非常惊人，早晨起来喝一杯，工作之前喝一杯……红茶几乎是生活中不可缺少的必备品。

现在，阿萨姆红茶可以算得上是印度红茶的代表。1823 年，英国人最先发现了"阿萨姆"这一新品种的茶树，随后开始批量生产，并逐渐成为印度红茶的代表品种。除此之外，被称为世界三大茗茶之一的大吉岭茶，原本是中国茶的品种，生长于喜马拉雅山脉的大吉岭地区。无论是哪一种，都会受到收获时期的影响，并在味道、香气、色泽方面体现出不同的特征。虽然都被统称为印度红茶，但实则各有特色。

> 品质最优的，是初夏的夏茶（参见 p.107）产品。这个时期，茶叶原叶开始进入采摘阶段。芳醇的甜味和强烈的味道，适合用来制作奶茶。

阿萨姆红茶

**口感醇香、味道浓厚，
适合用来制作奶茶**

阿萨姆品种的茶叶偏大，原产于世界最大的茶叶产地——阿萨姆平原。色泽深沉偏黑，口感醇香，味道浓厚，留香持久。因其味道浓厚，所以推荐用来制作奶茶。大约 80% 的制作工艺，都是 CTC 制法（参见 p.120）。也可以直接用茶包制作。

大吉岭茶

**春、初夏、秋，
收获的季节不同，味道也不一样**

在喜马拉雅山麓的大吉岭地区，有近90个茶园。每家茶园都延续着传统的制作工艺，传承着制作优质红茶的传统。春季采摘的春茶（参见p.107），气味清香，鲜嫩。初夏采摘的夏茶（参见p.107），则被称为"红茶中的香槟"，其中不乏香如马奶葡萄一般的优质茶叶。秋季采摘的秋茶（参见p.107），色泽浑厚，味道沉稳。不同的收获期，让茶叶的香气发生很大的变化。但无论哪一种，都有令人印象深刻的味道。

> 口感细致柔和，上品尤带葡萄香。适合搭配蛋糕或曲奇饼。夏茶略有涩味，可以用来制作奶茶。醇香浓厚的秋茶，可以用来制作皇家奶茶。

春茶

夏茶

> 本都是茶叶末类型（参见121），其中多用于调制茶。量最上乘的当属1—2月份采的冬茶，有些品种散发出水果玫瑰一样的香气。做成奶茶味极佳！

尼尔吉里红茶

即使加入香辛料或香草，也掩盖不了纯正美味的红茶香

尼尔吉里红茶，原产自斯里兰卡附近，印度西南部丘陵地带的尼尔吉里地区。味道类似锡兰茶，口感纯正，气味清爽，但并没有失去印度红茶特有的强烈风味，适合加入香辛料和香草泡饮。

斯里兰卡的红茶

没有异味，味道甜美，适合用来制作调制茶

斯里兰卡是位于印度半岛东南的岛国，面积狭小，接近日本的北海道，但由于其位居世界第二的红茶产量而久负盛名。早在被英国殖民的时期，斯里兰卡还叫作锡兰，自从英国人把茶树带到这里以后，这片土地就开始了悠久的茶树种植历史。尽管时过境迁，这里出产的茶叶仍然被亲切地称为"锡兰红茶"。锡兰红茶可以根据茶园或制茶工厂的海拔高度，分为"高地茶""中段茶""低地茶"3个种类（参见 p.101）。

乌沃红茶

独具清冽花香的高级红茶

世界三大茗茶之一的乌沃红茶，产于斯里兰卡中央高地的东侧，属于高地茶。味道清香，涩味强烈。6—8 月采摘的红茶仿佛瑰宝一样弥足珍贵。

含有大量"黄金叶 *"的高级茶。色泽为橙色，涩味强烈，喝入口中有种神清气爽的感觉。上乘佳品，在铃兰和紫罗兰的香气中，混合着少许薄荷脑的清新。

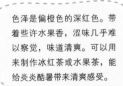

色泽是偏橙色的深红色。带着些许水果香，涩味几乎难以察觉，味道清爽。可以用来制作冰红茶或水果茶，能给炎炎酷暑带来清爽感受。

汀布拉茶

味道均衡，每日饮用也不会让人生腻

产自中央高地的西侧地区，属于高地茶。香气和味道都很均衡，是每日饮用也不会厌烦的传统红茶。

* 黄金叶：精心手工采摘的芯芽，经发酵后制成。数量稀少，价值高昂。

努沃勒埃利耶茶

生长于昼夜温差大的地区，涩味强烈，风格独特

生长于海拔 1800 多米的地区，在斯里兰卡，这种盛产红茶的地方也是上乘的佳品产地，属于高地茶，有鲜花一般的甘甜气味，还有干净利落的涩味。可以试着品尝原味努沃勒埃利耶茶，其独特香气回味悠长。

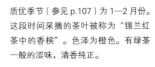

质优季节（参见 p.107）为 1—2 月份。这段时间采摘的茶叶被称为"锡兰红茶中的香槟"。色泽为橙色。有绿茶一般的涩味，清香纯正。

涩味略少，口感清淡。色泽为橙中带红，光泽亮丽。因为美丽的茶汤，常被用来制作冰红茶。

康堤茶

由"红茶之神"开拓出的第一片斯里兰卡茶园

口感清淡，属于中段茶。在南部的古都康堤，古老的锡兰人民建立了这里的第一座茶园。英国人在这里种植了阿萨姆的茶树苗，其中不乏被后世称为"红茶之神"的老前辈。

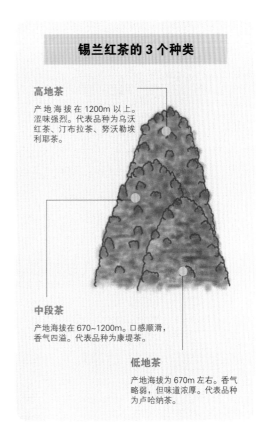

锡兰红茶的 3 个种类

高地茶
产地海拔在 1200m 以上。涩味强烈。代表品种为乌沃红茶、汀布拉茶、努沃勒埃利耶茶。

中段茶
产地海拔在 670~1200m。口感顺滑，香气四溢。代表品种为康堤茶。

低地茶
产地海拔 670m 左右。香气略弱，但味道浓厚。代表品种为卢哈纳茶。

中国的红茶

芳香四溢，恒久流传

在红茶发祥地的中国，从古至今就很看重"香气"这种东西。像花朵、水果一样的香气，曾经备受英国贵族的喜爱。一直到现在，这种香气也是持久不衰的人气商品。为了体验优雅的香气，建议先品尝一下原味的茶汤。因为中国红茶气息香醇而浓郁，所以基本上不需要砂糖，也不需要牛奶。

中国的红茶，可以分为小种红茶、工夫红茶和红碎茶。工夫红茶中，包含世界三大茗茶之一的祁门红茶和其他多种高质红茶。

祁门红茶

类似勃艮第酒，仿佛鲜花一样的优雅香气

这是一款花费时间，精心制作的茶叶款工夫红茶。上乘的茶叶，带着一种被称为"祁门香"的味道。这是一种仿佛兰花香或玫瑰香的优雅气息，从古时候开始就备受英国贵族的喜爱。通常市面上销售的，是一种带着浓厚烟熏香气的醇香茶叶。

由于其香气强烈的烟熏味道，受到的评价毁誉参半。但真的有些人相当迷恋祁门红茶的味道。

茶汤色泽鲜红靓丽。高级品种具有类似黑蜂蜜的甘甜清香，没有涩味。

正山小种

独特的烟熏香气，正好形成了与众不同的风格

产于茶叶的发祥地福建省武夷山周边。茶叶经过松木熏制，烟熏香气独特。浓厚的口感和烟熏的香气，很适合用来搭配芝士或者重口味的中华料理。

印度尼西亚的红茶

类似锡兰红茶的清爽口感使之独具魅力

以爪哇茶闻名的印度尼西亚，是世界第四大红茶生产国。1835年，荷兰人把中国茶树苗带到了爪哇岛，从此种植阿萨姆茶叶的茶园就在这里遍地开花了。大多数的茶园都分布在海拔超过1500m的高原或山丘地带。这里的地形与斯里兰卡相似，所以茶汤的口味也与锡兰红茶极为类似。涩味比较少，喝起来很爽口。

肯尼亚的红茶

质量上乘，是世界首屈一指的红茶

现在，肯尼亚是世界第一的红茶出口国。早在英国殖民时期，这里就出现了大规模的茶园，红茶栽培盛行至今。这里生产的茶叶质量上乘，香气清新，是一种味道非常均匀而柔和的茶叶。这里的气候全年稳定，所以全年都能采摘茶叶。由于肯尼亚茶叶高产质优，所以有望成为21世纪最大的红茶产地。

调和茶

经过调和，茶叶的品质和味道更趋于稳定，味道更加丰富多彩

我们日常品尝的红茶，大多数是经过红茶生产厂商把多种茶叶混合调制以后研发出来的独创调和茶。在日本市场中销售的红茶，大多数是由"印度红茶阿萨姆""锡兰红茶乌沃"等多种茶叶混合在一起制成的。

茶叶属于农作物，出产年份的气候等各种因素，都会对茶叶造成非常微妙的影响。尽管如此，红茶生产厂商还是会通过各种调和茶叶的方式，最终达到完美而均衡的味道，保证把质量稳定的商品送到消费者的手中。每家红茶厂商都拥有独特的调和方法，如此一来才能形成市面商品百家争鸣的热闹景象。例如"早餐茶"和"下午茶"，都是为了迎合不同红茶饮用群体而开发出来的调和茶商品。

早餐茶

适合用来制作早餐奶茶的调和茶

在红茶的主场——英国，早餐的吐司或蛋包饭，必须要跟奶茶搭配调和而成。早餐茶是用来唤醒美好一天的第一杯茶。这时候，必须要选择适合用来做奶茶的调和茶。因为只有这样，才能用奶香烘托涩味，从涩味中体会奶香。早餐茶的色泽都比较深，多数选用印度红茶和斯里兰卡红茶作为主要原材料。当然，不少款式也会用到肯尼亚红茶或中国红茶。

下午茶

开心的下午茶会，要选择能够搭配轻食的调和茶

一边品尝司康、三明治、小蛋糕，一边开心地聊天，这种时候要选择涩味比较少，可以搭配香甜轻食的红茶。虽然不同厂家的商品会用到各种不同的茶叶原材料，但多数都会把大吉岭红茶的香气和阿萨姆红茶的醇厚结合在一起。如果考虑更浓香一些的红茶，可以选择含有祁门红茶的调和茶。

风味茶

含有水果香和花香，充满季节感

风味茶中，通常都添加了花果香味，能让我们享受到非常丰富的味道，这是与调和茶最大的区别。我们可以根据不同季节的心情、品茶的习惯，来品尝各种不同口味的风味茶。

耳熟能详的"苹果茶"和"格雷伯爵红茶"都属于风味茶。除此之外，还有满溢着水果香气的甜桃茶、葡萄茶、枫糖茶等口味。多数适合用来做冰红茶，请一定要试试看哦。

格雷伯爵红茶

清新的佛手柑香气，适合用来制作奶茶或冰红茶

19世纪真实存在的英国"格雷伯爵"非常喜爱中国红茶的味道，因此以此为模板开发出了系列风味红茶并实现了商品化。味道清新，类似佛手柑的气味。多数商品都是通过精油着香。据说原材料多为中国红茶或锡兰红茶，但其中不乏使用了大吉岭红茶的商品。

风味茶的制作方法

增味
向茶叶中吹入花果香气。可以从价格低廉的苹果、橙子开始尝试，慢慢掌握窍门。

调和
把干燥了的花瓣、果皮、果肉切成条，与茶叶混合在一起。除了香气以外，混合材料也能提升茶汤味道。

静置
让茶叶自然吸收花果香气，最大限度留下茶叶原本的风味，同时融入其他新鲜的香气。

苹果茶

仿佛刚刚摘下来的苹果，酸甜可口令人垂涎三尺

说到苹果茶，不同厂家的商品都有着独特的个性。青苹果系的商品味道丰富而甘甜，红苹果系的商品味道酸甜而浓香。有的茶叶均由苹果精油喷香制成，也有的茶叶是跟干燥的苹果皮和苹果果肉调和制成。适用于奶茶，味道甘美。

红茶产地

红茶的代表产地，也被称为"茶带"（ tea belt ），集中在北回归线与赤道附近。
产地的气候条件和制作工艺，决定了红茶味道各有千秋。
除此之外，每种红茶的成熟期也不同。呼吸着原产国的空气，
沐浴着太阳的光芒，让我们好好享受个性丰富的茶叶味道吧。

印度

世界最大的红茶生产国。东北部的喜马拉雅山脉盛产大吉岭红茶和阿萨姆红茶，南部地区盛产尼尔吉里红茶等品种。

肯尼亚

味道清冽的品种比较多，常被用来制作茶包、调和茶，红茶产量雄踞世界第三。近来，乌干达、坦桑尼亚、巴拉圭、津巴布韦等东非国家也逐渐开始盛行种植茶树。

斯里兰卡

以世界三大茗茶之一的乌沃红茶为代表，是锡兰红茶的原产地。红茶产量位居世界第二。这里的气候温暖多雨，适宜茶叶生长。因此茶叶味道纯正，口感香甜。

中国

世界三大茗茶——安徽省的祁门红茶、福建省的熏制红茶等都久负盛名。中国茶制作过程中，最看重"香气"，因此红茶大多质地细腻。

印度尼西亚

主要产地在爪哇岛的高原地带以及苏门答腊岛北部的高原地区。茶汤色泽比较深，涩味比较少，韵味悠长。

第三章

红茶

季节的影响

作为农作物的一种，红茶也会受到产地节气和时期的影响。例如大吉岭、阿萨姆地区，比较容易受到雨季和旱季的影响。在大吉岭、阿萨姆地区每年有3个优质季节。而在全年气候稳定的肯尼亚等地区，全年都能收获到质量均衡的茶叶。

大吉岭的优质季节

· 春茶

3—4月收获的茶叶。在雨季萌发的新芽，香气中包含嫩绿的色彩。茶汤色泽是通透的橙色。

· 夏茶

5—6月收获的第二批茶叶。这时候的茶叶光鲜亮丽，味道香醇。茶汤色泽是深橙色。

· 秋茶

夏季的雨季之后是旱季，这是在10月下旬至11月期间采摘的茶叶。收获量少，但茶叶味道沉稳甜美。茶汤色泽更加红润。

泡出美味红茶的茶具

为了泡出美味的红茶，需要几款必备茶具。
虽说如此，大多数的物件都是家庭生活常备品，
即使没有也可以用其他物品代替。
大家完全没必要担心。可以选购自己中意的茶壶和茶杯，
这样才能体会到饮茶时光的小确幸。

量勺

茶勺

茶勺要比咖啡勺大一圈，盛的茶叶正好泡一杯茶。如果有勺就更地道了。

咖啡勺　　茶勺

热水壶

什么款式都可以。如果没有热水壶也可以用锅代替，主要能用来煮开水即可。

1	2	3
煮开水	盛茶叶	泡茶

茶壶

尽量选择保湿性良好的陶瓷材质，也可选择虽然保湿性欠佳，但能看到里面状态的玻璃材质。

茶壶套和隔热垫

防止红茶快速冷却的茶壶保温套。冬季室温低，要给茶叶留足在热水中舒展的时间。隔热垫可以用锅垫代替。

沙漏

感受小确幸时光的必备品，通常为3分钟，可以用厨房定时器代替。

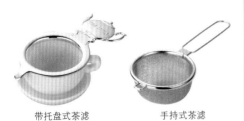

带托盘式茶滤　　　　　　手持式茶滤

茶滤

款式繁多，如果茶叶粗就用粗网茶滤，如果茶叶细就用细网茶滤。可以根据茶叶大小区分使用。

器具

没必要万事俱备，只要有以下3件器具，就能喝到美味红茶了。长柄锅，能用来代替热水壶煮开水，也能用来代替茶壶泡茶，是万能工具。可以在火上加热的玻璃壶，能用来代替茶壶。重叠网眼的茶滤，可以百搭任何款式的红茶。

长柄锅

茶滤　　　　玻璃壶

4 过滤

5 倒茶

6 品鉴

选择茶壶的时候

茶壶是用来泡茶的重要物件。设计、款式、形状、材质，都可以根据个人喜好选择。

如果盖子内侧有防落挡块，倒茶会更方便

大大的把手能让你稳稳地握住茶壶

选择茶汤不会滴满下来的茶壶嘴款式

选择圆形茶壶，这样最便于热水对流

糖罐及糖夹

用细砂糖的时候用汤勺，用方糖的时候用糖夹。

茶杯及托盘

为了让大家同时享受到茶汤的色香味，大多数的茶杯都是内侧纯白、杯口宽、杯身浅的款式。

奶罐

也叫作奶壶。个人用量不同，可以准备一个容量150~200mL的奶罐。

泡出美味红茶的方法

在英国，人们讲究红茶色香味俱全，所以泡红茶的技巧可谓代代相传。
其中最著名的当属"黄金法则"。
遵照这 5 项法则，只要稍加用心，就能获得与众不同的饮茶体验。

法则 1

使用优质茶叶

当然，我们应该首先选择自身喜爱，同时符合季节特征的茶叶。但是，时间久了以后红茶的味道会不好，请尽量提早饮用。

法则 2

提前预热茶壶和茶杯

先往茶壶中倒热水。如果直接把热水倒进冰冷的茶壶中，在茶叶还没来得及浸透之前热水可能就凉了。茶杯也需要提前预热。如此操作，就能品尝到热气腾腾的红茶了。

法则 3

正确称量茶叶分量

决定红茶口味的要点，就是茶叶和热水的平衡。所以，要优先保证盛出分量准确的茶叶。红茶的种类不同，对热水量的要求也不同，各位可以参考下页的表格。按照这个基本原则，根据个人的喜好选择适合自己的方式。

法则 4

使用刚煮开的沸水

用软水煮开水。因为软水不含矿物质，最适合用来泡红茶，能最大限度浸泡出红茶的香气。最好使冷水倒入时，让水流里混进大量空气。因为适量的空气能让茶叶在茶壶里上下翻滚，融出更多美味。热水一定要煮开了才能用。

法则 5

一边计时一边等待茶叶在茶壶中舒展

倒进沸水以后，请一定要马上盖好盖子。然后套上茶壶套以防水变凉。为了让茶叶尽可能在茶壶中舒展开，首先要使用沸水，其次要选择适合对流的圆形茶壶。请不要心急，定好计时器耐心等待。具体时间请参考下表。

茶叶量与泡茶所需时间（用茶勺盛出 1 杯茶所需的茶叶后）

级别（参见 p.120、121）	茶叶	浸泡时间
OP（Orange Pekoe）橙白毫	1 大杯（3~4g）	3~5 分钟
BOP（Broken Orange Pekoe）碎橙白毫	1 中杯（2.5~3g）	2~3 分钟
D（Dust）茶粉	1 小杯（2~2.5g）	1~2 分钟
CTC 制法（Crush 碾碎、Tear 撕裂、Curl 揉卷）	1 小杯（2~3g）	1~3 分钟

【原味红茶的泡法】

根据红茶主场——英国世代相传的五大"黄金法则",用茶壶来泡一壶红茶试试看吧。
推荐用这种方法冲泡红茶。

让茶叶在茶壶里充分闷泡

为了充分享受到茶叶的个性,首先应该品尝原味红茶。

而为了更好地烘托出红茶的个性,在英国才孕育出前面所提到的五大"黄金法则"(参考 p.110)。在我们实际操作中,遵守这五大法则是成功的关键。请一定要把刚接出来的自来水煮沸,提前预热茶壶。

只要水够热,茶叶就会在茶壶中上下浮沉,这叫作"跳跃"(jumping)现象。当茶叶悠悠然地沉到壶底时,就意味着茶叶里面的成分已经充分溶出啦,这时候就可以把红茶倒进茶杯里了。

【2 杯红茶的材料】
· 茶叶(2 茶勺)
· 热水 300mL

【适用于原味红茶的茶叶】
· 大吉岭
· 乌沃
· 努沃勒埃利耶
· 祁门

· 正山小种
· 肯尼亚

【所需器具】
· 茶勺
· 茶壶(2 个)
· 茶滤
· 热水壶

1 煮开水
用热水壶接新鲜的自来水，煮沸。

2 预热茶杯
把热水倒进茶壶（泡茶及端茶用的茶壶都需要预热）和茶杯中，预热。

3 装茶叶
把茶壶中的热水倒掉，按人数需求倒入茶叶（茶叶款需要2大勺茶叶，碎茶款需要2平勺茶叶）。

4 倒入热水
一气呵成地把热水倒入茶壶中。

5 闷泡茶叶
盖上盖子闷泡茶叶。根据茶叶的等级，判断所需时间。如果有茶壶套的话，可以包上茶壶套。

6 倒入端茶用的茶壶里
使用茶滤，把红茶倒入端茶用的茶壶里。经过这种转移，茶汤就不会出现浓淡不均的现象。

【奶茶的泡法】

说到奶茶的泡法，基本上有两种：一种是把牛奶和茶叶一起放进小锅中煮；
另一种是把牛奶倒入原味红茶中。根据当时的情况，选择适合自己的泡茶方法吧。

如果想喝更香醇的奶茶，请选择用小锅煮的方法

如果想品尝更加香醇的奶茶，建议把茶叶与牛奶一起放进小锅里咕嘟咕嘟煮一会儿。相比之下，鲜奶油或用来制作咖啡的牛奶中脂肪含量太多，容易产生杂味，所以推荐使用低温杀菌的牛奶，这样奶茶的味道会更加柔和丝滑。

茶叶的推荐用量，为1茶杯使用1大茶勺的茶叶。越是有涩味的茶叶，越能给奶茶带来更多浓厚的香醇。热水与牛奶的比例，

可以根据个人喜好来搭配。如果准备泡4杯奶茶，通常需要热水和牛奶的比例应为2∶2。如果是小朋友喝，那么热水和牛奶的比例可以为1∶3。如果特意追求香醇的品味，将热水和牛奶的比例调整到3∶1就可以了。对于倒入牛奶的时机，并没有一定之规。在英国，也有人到最后才加那么几滴牛奶。这一点完全可以根据个人喜好来判断。

【2杯奶茶的材料】
· 茶叶（2茶勺）
· 热水 160mL
· 牛奶 160mL

【适用于原味红茶的茶叶】
· 阿萨姆
· 尼尔吉里
· 乌沃
· 汀布拉

· 爪哇
· 肯尼亚

【所需器具】
· 茶勺
· 茶壶
· 小锅
· 茶滤
· 热水壶

直接把牛奶倒入
原味奶茶的方法

忽然想喝奶茶的时候，可以
直接把牛奶倒入原味奶茶
中。

1 倒入茶叶

用热水壶接水，煮沸。水沸
腾以后关火，倒入茶叶。2
杯奶茶需要 2 大勺茶叶。

2 闷泡茶叶

倒入茶叶后，盖上盖子。
闷泡到茶叶完全舒展开。

1 准备浓红茶

按照 p.112~113 的 顺
序，泡好浓红茶。

2 倒入牛奶

按照所需量，倒入牛奶。
如果牛奶保持常温，就
不会影响红茶自身的香
味。

3 加入牛奶

加入牛奶后再次加热。用大
火加热，锅边出现小气泡以
后立即关火。

4 倒入茶壶

用茶滤过滤后，把茶水倒
入茶壶中。

115

【冰红茶的泡法】

炎热的夏日午后，需要焕发精神的时候，您需要来一杯美味的冰红茶。
可以尝试在最后加入几滴柠檬汁或柳橙汁，味道非常清爽。

推荐的泡法，就是最直截了当的方法

酷暑里的饮茶时光，如果想来一杯爽快的冰红茶，那就直截了当地做一杯吧。把冰放进玻璃杯中，一口气倒入略浓的红茶，完成！

制作的关键在于红茶的浓度。如果玻璃杯的大小约等于茶杯的2倍，那么就需要用1茶杯所需的热水和2茶杯所需的茶叶（2大茶勺）先泡出浓红茶。

制作完成后，再加一点柠檬汁或柳橙汁，味道更加清新。也可以加一点扶桑花，制造出热带风情的氛围。

【2杯冰红茶的材料】
- 茶叶（4茶勺）
- 冰
- 热水 160~200mL

【适用于冰红茶的茶叶】
- 康堤
- 尼尔吉里
- 汀布拉
- 格雷伯爵

【所需器具】
- 茶勺
- 茶壶（2个）
- 茶滤
- 热水壶

1 预热茶壶

把茶壶放在桌垫上，倒入热水预热。

2 倒入茶叶

倒掉热水，称量茶叶后倒入茶壶。2 杯冰红茶需要2 勺茶叶。

3 倒入沸水

倒入沸水。因为之后还要加冰，所以每一杯茶只需80~100mL 热水。

4 闷泡茶叶

盖上盖子开始闷泡。如果有茶壶套，可以包上茶壶套。

5 过滤茶叶

用茶滤过滤 4 的红茶以后，倒进另外一个茶壶。

6 倒入玻璃杯

在玻璃杯里装满冰，快速倒入 5 的红茶。用搅拌棒搅拌一下即可。

【茶包的泡法】

忙碌的早晨和工作的间歇，只要有热水和茶包就能快速泡出一杯让人神清气爽的红茶。
一起用茶包来享受便捷的红茶生活吧。

只要方法得当，茶包红茶也能异常美味

只要倒进热水等1分钟，就是这么简单。如此方便的操作，正是茶包的魅力所在。茶包中所有的茶叶均属于碎茶类型，多为CTC制法制成的茶叶，能在短时间内泡出浓厚的红茶。看似简单，但难免一不留神就漏掉了泡出美味红茶的精髓。让我们再确认一次正确的泡茶方法吧。

首先，最基本的原则是1杯茶用1个茶包。因为用1个茶包泡第2杯茶的时候，茶包里的茶叶已经无法释放出同等的美味了。所以请不要用1个茶包泡2杯茶。另一个要点，就是要充分地闷泡。如果用茶杯泡茶，可以用茶杯托盘把杯子口封严。最后一点，是取出茶包的时候，不要用勺子等挤压茶包。为避免涩味溢出，只要稳稳地提起茶包，取出即可。

【1杯茶的材料】
· 1个茶包
· 热水 160mL

【所需器具】
· 茶壶
· 热水壶

> **要点**
>
> 泡出美味红茶的秘诀，在于预热茶杯、充分闷泡
>
> 茶包红茶，就不要提什么好喝不好喝了，您也这样想过吧？但是，茶包红茶也能变得美味。方法有三。①提前预热茶杯。②用沸水浸泡。③适度闷泡。用茶壶闷泡固然理想，但如果用没有盖子的茶杯泡茶，可以用平底的茶杯托盘代替杯盖。

流传到世界各地的红茶茶包

据说，茶包的概念诞生于19世纪末期。1908年，美国茶商托马斯·萨里邦用木棉袋子包装茶叶样品，并发给顾客品尝。但有一位客人竟然带着包装一起泡来喝了。这就是茶包的起源。今天，茶包已经遍布世界各地，为世界各地的人们所喜爱。

时光流逝，茶包的材质从布变成了纸，又从纸变成了无纺布、尼龙等。里面茶叶的加工，也进化成为更容易融出茶叶成分、茶叶味道更加纯正的方式。这种简单易行的泡茶方式，受到了热爱红茶的英国人的推崇。现在，日常饮用的红茶几乎都是茶包款式了。

1 预热茶壶

用热水壶把水煮沸，倒入茶杯中预热。

2 倒入热水

把杯子里的水倒掉，再倒入沸水。

3 闷泡茶叶

用托盘等作盖子，闷泡茶叶。淡茶需要40秒左右，浓茶需要2分钟左右。

4 取出茶包

到时间以后，提起茶包抖两下，快速取出。

119

茶叶的等级

仔细观察红茶包装,你会发现除产地、名称以外,还有"OP""BOP"这种标识。
这被称为"红茶等级",代表茶叶的部位和大小。
根据这个分类,我们能获取红茶分量、泡茶时间等信息。
让我们尽量记住各个等级的种类和相对应的意思吧。

"等级",用来区分茶叶的大小和形状等

红茶的茶叶——无论是什么种类,全部来自茶树科常青树——茶树。通常,我们按照一芯二叶、一芯三叶来辨别,然后采摘最上面的第 2 枚叶子或第 3 枚叶子。这些被采摘下来的叶片还会经历晾晒、揉搓、发酵等加工工艺,最终才能成为茶叶。

但是,就成品茶叶的外观来看,大小粗细各有不同。如果参差不齐的茶叶混在一起,泡制过程中就会发生叶片舒展不开、涩味过于强烈、味道时好时坏等现象。因此,我们需要用过筛的方式,把茶叶按照大小或者形状进行分类。我们这里提到的分类,与茶叶质地的好坏无关,只意味着茶叶叶片的大小、宽窄、叶茶或碎茶类型等具体的特征。每个级别的泡制方法不同,如果记在心里会方便很多。

一芯三叶
采摘前端的新芽和 3 枚叶片。量产红茶多为一芯三叶。

一芯二叶
采摘前端的新芽和 2 枚叶片。追求细腻口感时,多为一芯二叶。

红茶制法之一 "CTC"制法

除了茶叶的等级以外,您还有可能在包装袋上看到"CTC"的字样。CTC 表示一种茶叶的制作方法,是 Crush(碾压)、Tear(撕裂)、Curl(揉卷)的缩写。与通常的叶茶有所不同,CTC 制法是把茶叶碾碎切断以后,整理成圆润的形状。每一粒茶的直径只有 1~2mm,能在短时间内释放出相应的香气与色泽。CTC 制法常用于茶包,常见原料为阿萨姆或非洲的茶叶。

特征就是小颗粒状的茶叶。容易泡制出色泽与香气,因此只需要短短 2 分钟左右即可。

茶叶的等级（Grade）

FOP（Flowery Orange Pekoe）花橙白毫	10~15mm 的长茶叶。含有大量茶芯（flowery），其含量越多越高级。有花朵香气
OP（Orange Pekoe）橙白毫	7~11mm 的细长大片茶叶，经过了强有力的碾压过程。取自柔软的嫩叶及芯芽
P（Pekoe）白毫	5~7mm 长的茶叶。比 OP 硬、短、粗，色泽比 OP 浅，香气也比 OP 淡
PS（Pekoe Souchong）正小种	比 P 更加硬、短、粗。也比 P 更浅、更淡
S（Souchong）小种	比 PS 圆润，叶片大而硬。中国红茶的小种茶中，多为这个等级
BPS（Broken Pekoe Souchong）碎正小种	把 PS 等级的茶叶切开，过筛后的茶叶。比 BP 略大
BP（Broken Pekoe）碎白毫	把 P 等级的茶叶切开，过筛后的茶叶。不含芯芽
BOP（Broken Orange Pekoe）碎橙白毫	把 OP 等级的茶叶切开后制成，长度为 2~3mm 含有大量芯芽。口感顺滑，市面常见
BOPF（Broken Orange Pekoe Fanning）细碎橙白毫	BOP 经过筛后制成，为 1~2mm 的茶叶。常用于调和茶或茶包
F（Fanning）片茶	BOP 经过筛时，落到下面的小茶叶。茶叶细腻，但是比 D 略大
D（Dust）茶粉	1mm 以下、最细小的茶叶。过筛的时候，可以留到最后

OP 橙白毫
常见于大吉岭或祁门等种类。为烘托出其柔软的风味，可以花些时间慢慢浸泡。

BOP 碎橙白毫
色泽深，香气浓，优点非常明显。常见于大吉岭。

BOPF 细碎橙白毫
比 BOP 色泽更深，也能快速散发出香气，作为高级茶包被广泛应用。

121

红茶的历史

红茶的文化在英国开花后，很快遍布整个欧洲。
现在全世界的每一个国家和地区，都已经有了各自根深蒂固的饮茶文化。
据说红茶文化起源于中国，让我们慢慢理清这段历史的脉络吧。

从中国到欧洲

红茶占所有茶叶生产量的 75% 以上，深受世界各地茶迷的喜爱。现在，世界中有超过 40 个国家和地区在种植茶叶。然而直到 19 世纪人们发现了印度的阿萨姆茶种之前，全世界就只有中国种植红茶。早在很久以前，中国就开始采摘茶叶了。那时候人们把茶叶当作长生不老的灵药，视茶叶为珍宝。到了唐代（618—907），中国几乎全境种植茶叶，因此民间百姓也养成了饮茶的习惯。

1602 年，欧洲首次接触茶叶。葡萄牙人将茶叶从中国带回葡萄牙。据说这正是茶叶通往欧洲的契机。1620 年，荷兰东印度公司开始从中国进口茶叶。此后，欧洲各国才逐渐了解"茶"的存在。

从王权贵族到平民百姓，从宫廷蔓延开的饮茶习惯

1662 年，英国查尔斯二世迎娶了葡萄牙公主凯瑟琳。凯瑟琳公主带来的嫁妆里，就有大量的中国茶叶和在当时非常贵重的砂糖。从此以后，英国王室才开始盛行喝茶的习惯。这种奢侈的习惯，渐渐蔓延到整个英国贵族社会。

随着茶叶的盛行，茶叶的需求也不断增加。在战胜了荷兰以后，英国取代了曾经独霸与东洋贸易的荷兰，开始直接从中国进口

红茶年表

1602 年
葡萄牙人把红茶从中国带到了葡萄牙。荷兰成立东印度公司。

1620 年
荷兰东印度公司开始进口中国茶叶。

1662 年
葡萄牙公主凯瑟琳嫁到英国，随行携带了茶叶和砂糖。饮茶习惯开始在英国贵族间盛行。

茶叶。这时候，大部分的茶叶属于绿茶。之后，被称为"black tea"的青茶才被慢慢带入欧洲市场。据说那时候的"black tea"，最终演变成了完全发酵的红茶。

到了18世纪后半期，饮茶、轻食、音乐会、舞会、剧场等节目接踵而至的茶园生活慢慢为人们接受。城市居民之间也开始盛行红茶文化。到了工业大革命以后，原本是奢侈品的红茶套装和价格高昂的砂糖，也成为批量生产的一般商品。百姓人家具备了购买茶叶和砂糖的经济实力，因此红茶文化开始渗透到平民百姓的生活中。

揭开大量种植的帷幕

1823年，英国人罗伯特·布鲁斯在印度的阿萨姆地区发现了茶树。在此之前，人们普遍认为只有在中国才有茶树。当时，印度是英国的殖民地，所以阿萨姆、大吉岭、尼尔吉里、锡兰岛等地开始大规模地出现茶园，并批量生产茶叶。由此，英国红茶文化愈加繁荣，品鉴红茶的习惯也在世界范围内遍地开花。

日本也开始流行红茶

日本开始进口红茶，是明治三十九年（1906）的事情。明治屋从英国进口了立顿的黄标红茶，作为上流社会和文人雅士之间相互推荐的上乘佳品。1927年，三井红茶（现在名为日东红茶）首次推出日本产红茶。之后，日本家庭开始接受红茶。第二次世界大战以后，红茶进口贸易短期中断，直到1971年贸易自由化以后才又开始进口茶包。又过了一段时间，罐装红茶、塑料瓶装红茶不断普及，甚至成了日常生活中不可缺少的生活必需品。最近，随着咖啡的兴起，红茶也又一次进入了人们的视野。历史久远的红茶世界，正在等待世界各国的粉丝前来不断探究呢。

18世纪后半期
英国出现茶园。

1773年
发生波士顿倾茶事件。

1823年
英国人罗伯特·布鲁斯在印度的阿萨姆地区发现了茶树。

1839年
英国开始直接从中国进口茶叶。

1906年
日本明治屋首次从英国进口了立顿红茶。

1927年
三井红茶首次销售日本产红茶。

红茶的选择和保存方法

大多数的人都不太在意茶叶的包装，但只有了解包装的方法，
才能选到更适合自己的茶叶。
只有了解正确的保存方法，才能保存住茶叶自己本来的美味。
在这里，了解一下乐享红茶生活相关的基础知识吧。

购买红茶

超市、百货商店、进口食品店、网店、红茶专卖店等，
能买到红茶的地方有很多。如果想品尝当前正流行的
人气红茶，如果要在大量红茶品种中选择自己最中意
的那一款，请前往超市选购。如果对味道比较挑剔，
或者想尝试新鲜的味道，请一定要到红茶专卖店逛一
逛。因为这里有专业的服务人员，您尽可以详细咨询。

选择红茶

置身在红茶的世界中，开始愉快地选择红茶吧。
一边确认原产地（请参考 p.98~105）和等级（请参考 p.120）等信息，一边想象茶汤的味道吧。
为了确保买到中意的红茶，请一定不要错过试饮的环节。

选到了中意的红茶，请看一下包装上的标签。重点是保质期和容量。尽量选择距离保质
期比较远的茶叶。包装上记载的是开封前的保质期，而一旦开封，茶叶的品质就会不断恶化，

确认店铺的以下几点！

☐ **商品的更新速度快**
红茶新鲜。

☐ **直接进口还是代理**
网络销售或网店多为代理，需要
了解消费者的心态。

☐ **有没有专业的服务人员**
红茶专卖店里有专业的服务人员，
便于在红茶世界中探寻乐趣的消
费者详细咨询。

确认标签的以下几点！

☐ **1个月能喝多少？**
叶茶，需要趁新鲜品尝。红茶专卖店都是散装销售，可以按照 50~100g 的
单位代购买。

☐ **距离保质期还有多久？**
新鲜，是红茶的生命。请务必确认保质期，这也是判断商品更新速度的关键
所在。

☐ **喜欢这个味道吗？**
请参考 p.98~105 的内容，确认味道是否中意。

☐ **什么等级？**
请参考 p.120 的内容，选择自己喜爱的种类。正如 p.111 所述，各个等级的
红茶泡法略有不同。

所以请尽快饮用。最后，别忘了选择合适的分量。因为我们的目的是要喝到美味的茶汤，然而首次购买的时候往往并不确定是否真正称心如意。所以请选择小包装的茶叶。通常，CTC制法的茶叶品质没有那么容易变化。

红茶的保存方法

　　茶叶买回来，会希望每一枚茶叶都变成美味的茶汤，那么就请注意下面几点吧。首先，要注意密封保存。红茶接触到空气以后就会变质，所以请放入密封容器或保鲜袋中保存，以确保阻断空气。特别是单独包装的茶包，其独特的造型导致特别容易接触到空气。因此茶包并不适合长期保存。买回来以后，请转移到密封容器中，并尽早饮用吧。

　　如果红茶尚在保质期内，室温保存即可。但别忘了要放在避光的柜子里或抽屉中。湿气和强烈的香气是茶叶的大敌，请确认周围是否有这样的影响因素。虽然也可以放在冰箱或冰柜中保存，但泡茶之前需要让茶叶在密封容器中恢复到常温水平后才能开封。如果在茶叶冰凉的时候开封，温差会导致茶叶表面结露，从而瞬间恶化。

　　最理想的状态，莫过于趁新鲜全部喝完。无论如何，请在开封后1个月内饮用完毕吧。

放置场所的确认

☐ **湿气重吗？**
　请避免存放在洗碗盆下面的柜子等潮湿的地方。灶台附近容易沾染湿气，敬请回避。

☐ **有直射阳光吗？**
　吸收紫外线以后，茶叶的恶化会进一步加速，风味会发散一空。如果使用了透明包装袋或玻璃容器，需要放在柜子或抽屉等避光地点保存。不要放在窗户旁边。

☐ **周围有香气浓烈的物体吗？**
　珍视茶叶细腻的香气，回避其他浓烈香气的物品。调料附近，不予考虑。即使放入冰箱或冰柜中，也有可能与其他物品串味。

红茶的保存方法

保存容器糖罐子
如果有专门的保存容器，就能阻断空气和光的影响，非常方便。请选择密封严实、便于开关的容器。

专用夹子
如果包装袋上没有密封条，可以排空空气以后用小夹子密封。

保鲜袋
茶包等需要装进带密封条的保鲜袋中，排空空气以后密封。

125

随时随地品茶!

乐享饮茶生活

运动之后满头大汗的时候，开车去公园玩耍的时候，工作学习时稍作休息的时候，

外出工作的时候，都能从一杯茶中感受到让人身心放松的香气。

在日常生活中巧妙地借助茶汤的力量，尽情享受饮茶生活吧。

不容轻视! 饮料瓶装茶的历史

我们在自动贩卖机、便利店，都能轻易地买到瓶装茶。喝上几口，盖上盖子，然后拿着继续上路。这个大概就是瓶装茶最大的魅力吧。绿茶、玄米茶、乌龙茶、茉莉花茶、红茶……种类繁多，瓶装茶几乎成了眼下挑选茶水时必不可少的选项。

其实，这种塑料瓶装茶是经历了漫长的研究、开发以后，融入了各种技术才终于诞生的商品。

1981 年，这种没有茶叶、没有茶包，却能直接饮用的茶饮料首次发售。饮料生产商伊藤园，向市面推出了罐装乌龙茶。在一段时间里，绿茶饮料都面临着"茶汤容易氧化、味道容易劣化"的问题。而在 1985 年，伊藤园终于攻克这一难关，成功实现了绿茶饮料的商品化。1990 年，世界首批塑料瓶装绿茶饮料面市。因为使用了透明的容器，所以茶饮料的色泽以及优美的视觉效果非常重要。在成功开发了除渣技术以后，瓶装茶饮料终于以澄清透明的姿态与消费者见面，这可谓是一大壮举。

如何选择适合自己的茶饮料

就这样，瓶装茶饮料如春风潜入夜一般进入了我们的生活。随着新商品的不断面市，让我们不知不觉间陷入选择困难症的境地。只有了解每种茶汤的特征，了解自身的需求，才能选到称心如意的茶汤。如此一来，我们就距离饮茶生活更近一步了。

例如高浓度儿茶酸具备高效燃脂功效，注重健康效果的时候可以从这方面考虑。当然，我们也可以从味道方面来考虑。无论如何，各家厂商都有自己独特的品牌产品。多多尝试，可能会遇到惊喜哦。

便携瓶体、纤细瓶体等各种方便的功能

为了能随时随地品尝茶汤，我们需要更多便携的瓶体设计方案。除了轻便之外，更需要时尚的设计感。如果在便携基础上还能保温，就算得上是非常讨巧的产品了。除了瓶体本身，市面上还常见搭配了茶叶包的手提袋。一起来寻找最中意的茶饮吧。

健康茶、花草茶

Japanese Tea

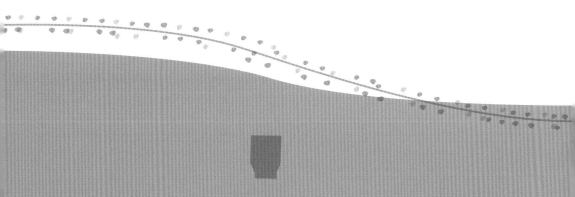

除了用"茶树的叶子"制成的日本茶、中国茶、红茶以外，还有用其他叶子、各种植物、果实等搭配出来的茶。这种茶汤往往具有预防感冒、改善花粉过敏、减肥瘦身等功效，每种茶汤都各有特色。让我们来发现适合自己的那一款茶吧。

日常生活中饮用
健康茶、花草茶

日常坚持适量饮用健康茶或花草茶，能起到平缓身心、
维持健康、预防疾病、改善症状、美容健身的效果。
让我们选择适合自身条件的种类，日复一日乐在其中吧。

购买健康茶、花草茶

在销售健康食品的门店、花草茶专卖店或者网络商店都能购买到健康茶以及花草茶，其
中不乏价格斐然的高级商品，但并非价格越高效果越好，敬请谨慎选择。如果您正在服用药物，
那么有可能会产生副作用。如果自身体质发生冲突，甚至有可能导致症状加重。所以在购买
之前，请一定要向店面服务人员或者具备专业知识的人员进行咨询，方可购买。

选择健康茶或花草茶的时候，可以参考 131 页表格中的信息，结合自身体质与症状对号
入座。因为坚持每天饮用，才能逐渐见到效果，所以还要选择自己认为"好喝"的种类。选
择能长期饮用的茶，然后就需要在泡茶的时候下一番工夫了。

调理肠胃状态的姜黄茶

泡出美味健康茶、花草茶的方法

市面上销售的健康茶和花草茶，可以分为现成的茶汤、茶叶包、茶粉等多种款式。基本原则是，要按照说明书上介绍的方法泡茶。本书中另行介绍用茶壶或小锅来煮茶的方法。

有些品种，只要放在沸水中浸泡一下就能提取出有效的成分。但是大多数的茶，还是需要经过慢火煮过才能释放出有效成分。一概而论的话，需要煮5~10分钟。

消除疲劳的扶桑茶

从颜色尚浅的时候开始小口品尝，然后在颜色变深的过程中找寻自己认为最"美味"的茶汤状态。

如果觉得太苦而导致没办法喝下去，可以加一些蜂蜜或砂糖来调和。夏季，我们可以把茶汤放进冰箱冷藏后饮用。

健康茶、花草茶的基本泡法

1 用小锅把水煮沸

也可以用茶壶代替。因为锅口比较宽，易于释放掉水中的不良成分，同时也便于倒水，故推荐使用。

2 煮茶叶

放入茶叶，煮一会儿。有些茶煮的时间过长，会导致其独特的香气和苦味混合在一起，需要注意。

3 倒进茶杯中

使用茶滤把茶汤倒进杯中。可以一次性把茶汤全部倒进大瓶子里，然后再逐次倒进茶杯中，这样味道和浓度更加均一。

根据身体状况、症状、目的来进行选择

症状	推荐茶	症状	推荐茶
●感冒 ●咳嗽 ●咳痰	接骨木花茶、月桃茶、紫苏茶、姜茶、杉菜花茶、桉叶茶、艾蒿茶、柠檬草茶	●更年期障碍	红花茶
●过敏 ●花粉症	紫苏茶、甜茶、荨麻花草茶、红富贵茶、艾蒿茶、路易波士茶	●减肥	肾茶、棋子茶、苦瓜茶、马黛茶、雪莲果茶
●眼睛疲劳	小米草茶、扶桑花茶、槭树叶茶、野玫果茶	●生活习惯病预防	姜黄茶、番石榴茶、熊笹茶、黑豆茶、桑叶茶、香菇茶、荞麦茶、玉米茶、杜仲茶、松叶茶、马黛茶、雪莲果茶
●动脉硬化	明日叶茶、绞股蓝茶、柿子叶茶、枸杞茶、黑豆茶、香菇茶、荞麦茶、玉米茶、红花茶、松叶茶	●失眠 ●多梦	明日叶茶、甘菊茶、枣茶、马郁兰茶
		●恶寒	姜茶、蒲公英茶、红花茶、艾蒿茶、路易波士茶
●便秘	黑豆茶、桑叶茶、尼泊尔老鹳草茶、棋子茶、蒲公英茶、玉米茶	●美容	肾茶、扶桑茶、路易波士茶、野蔷薇果茶

* 健康茶和花草茶中,有些品种会在与药物一起服用时产生副作用,有些则具备收缩子宫的作用,孕妇不宜服用。身体不适或孕期妇女,请在饮用前征求医生的意见。

第四章

健康茶、花草茶

131

小米草茶

适用于电脑使用过度导致的视力疲劳，用于缓解眼部问题

　　名副其实地具备"明亮眼睛"的功效，古欧洲时期开始就被用于改善眼部问题。视神经疲劳、迷眼睛、结膜炎、花粉症导致的眼痒，都可以用这款花草茶来缓解。可直接用来清洗眼睛，也可用毛巾蘸取茶汤后敷在眼睛上，效果更佳。

小米草的学名，据说来自希腊神话惠美三女神之一的欢喜女神——欧佛洛绪涅。

【功效】
· 缓解视力疲劳
· 改善眼球充血
· 消炎
· 滋养强壮身体
· 杀菌
· 改善花粉症

【泡法】
　把1~2茶勺的茶叶或者1个茶包放进茶壶里，倒入热水。冲泡至个人满意的浓度。

明日叶茶

生命力强大的明日叶，让您的血液干净清透

　　明日叶，名如其草，拥有"今天摘掉、明天又发芽"的强大生命力。成分中的物质具备让血液重返清透状态的功效。另外，成分中还有能改善贫血的维生素 B_{12} 和丰富的铁元素，有利尿功能和预防高血压的效果。

【功效】
· 净化血液　· 预防老化
· 改善贫血　· 改善头疼
· 利尿　　　· 改善肩部疲劳
· 预防高血压 · 改善失眠症状
· 预防动脉硬化 · 改善便秘

【泡法】
把1~2茶勺的茶叶或者1个茶包放进茶壶里，倒入热水。冲泡至个人满意的浓度。

明日叶是伊豆半岛、伊豆列岛、三浦半岛原生的植物。

绞股蓝茶

缓解压力，提高气血和体力的茶汤

绞股蓝是一种葫芦科多年生草本植物。与高丽人参相同，绞股蓝中也含有皂甙的成分，因此被称为小高丽人参。绞股蓝具有缓解压力、降低胆固醇、改善胃溃疡、滋养强壮等功效。

在中国，绞股蓝是一种历史悠久的汉方草药。

【功效】

· 降低胆固醇
· 缓解压力
· 预防动脉硬化
· 改善胃溃疡
· 滋养强壮

【泡法】

把 1~2 茶勺的茶叶或者 1 个茶包放进茶壶里，倒入热水。冲泡至个人满意的浓度。

* 孕妇慎用。

姜黄茶

提高肝脏功能，可以缓解宿醉

姜黄既是香辛料，也是有名的汉方药材，其成分具备强大的抗氧化、预防生活习惯病的作用。姜黄还能提高肝功能，能高效分解酒精，所以非常适合用来缓解酒后宿醉。

姜黄种类繁多，其中秋季姜黄的功效最强大。

【功效】

· 缓解疲劳
· 强化肝功能
· 预防宿醉
· 健胃
· 抗菌
· 防过敏
· 缓解肩部不适
· 缓解恶寒
· 缓解上火症状

【泡法】

如果是干燥后的姜黄块，需要放入锅中闷泡。如果是粉末状的姜黄粉，可将 1~2 勺的姜黄粉放入杯中，搅拌均匀后饮用。

* 孕妇慎用。

接骨木茶

伤风或流感的时候，请喝一杯接骨木茶

在古老的欧洲，接骨木被称为"万病解药"，被用于治疗各种各样的疾病。它具备抗病毒、发汗、镇咳祛痰的作用，其消炎作用对流感和前期伤风感冒有改善效果。请趁热饮用。

【功效】
·抗病毒
·发汗
·镇咳祛痰
·消炎
·利尿
·解毒

【泡法】
把1~2茶勺的茶叶或者1个茶包放进茶壶里，倒入热水。冲泡至个人满意的浓度。

茶汤会散发出马奶葡萄一样的甘甜香气。

* 孕妇慎用。

柿子叶茶

降血压，清洁血液，抗氧化功能强大

柿子叶中含有丰富的维生素C。因为柿子叶中的维生素C遇热也不会受损，所以经过热水浸泡后仍能保持丰富的维生素C含量。含有的茶多酚和类黄酮成分能起到降低血压、促进全身血液循环的作用。

茶汤没有异味，含有丰富的维生素C和钾。

【功效】
·降压
·抗氧化
·清洁血液
·镇咳
·预防动脉硬化

【泡法】
把1~2茶勺的茶叶或者1个茶包放进茶壶里，倒入热水。冲泡至个人满意的浓度。

* 孕妇慎用。

甘菊茶

在甘甜的茶香中进入甜美的梦乡

　　被称为"大地的苹果"，气味甘甜。在心浮气躁的时候，可以稳定情绪、缓解压力、平和心情，也能在失眠的夜晚帮助您进入甜美的梦乡。有促进消化的功效，可以在饱腹之后饮用。

花草茶中常用德国甘菊或罗马甘菊。

【功效】
· 镇静神经　　· 利尿
· 安眠
· 增进食欲
· 温暖身体
· 镇痛

【泡法】
把 1~2 茶勺的茶叶或者 1 个茶包放进茶壶里，倒入热水。冲泡至个人满意的浓度。也可以直接用牛奶煮奶茶。

* 菊科植物过敏的人慎用。

番石榴茶

预防癌症，减肥瘦身

　　番石榴的叶子和果皮中含有大量维生素 C、矿物质、抗氧化的丹宁和抑制糖分吸收的茶多酚，具备抗老化、助瘦身、预防糖尿病和癌症、改善胃痛等效果。

【功效】
· 预防糖尿病　　· 提高免疫力
· 预防癌症　　　· 利尿作用
· 预防肝脏疾病　· 改善生理痛
· 改善胃痛
· 止泻
· 减肥

【泡法】
把 1~2 茶勺的茶叶或者 1 个茶包放进茶壶里，倒入热水。冲泡至个人满意的浓度。

番石榴果汁耳熟能详。其叶片含有大量丹宁，适合用来泡茶。

* 孕妇慎用。

枸杞茶

预防动脉硬化，改善高血压及低血压症状

泡茶的时候，不是使用枸杞果实，而是使用春季采摘的枸杞嫩叶。它能降低血液中的胆固醇，起到预防动脉硬化的作用。另外，具备利尿、滋养强壮身体、调节血压的作用。无论低血压患者还是高血压患者均可服用。

红色的枸杞果实常被用于药膳中，同样具备滋养强壮身体、促进血液循环、强化肝功能、缓解视力疲劳等多重功效。

【功效】
· 预防动脉硬化
· 利尿
· 滋养强壮身体
· 改善高血压症状
· 改善低血压症状
· 强化肝功能

【泡法】
把 1~2 茶勺的茶叶或者 1 个茶包放进茶壶里，倒入热水。冲泡至个人满意的浓度。

* 孕妇慎用。

熊笹茶

从古至今均被用于健胃作用，也具备优秀的排毒功效

熊笹叶片的边缘有一圈白色花纹，非常有特色。具备抗菌、防腐的作用。古代常被用来包裹青团等食物。具有健胃功能，对治疗胃炎、胃溃疡有一定效果。另外，还能起到净化血液、改善高血压和糖尿病症状的作用。

【功效】
· 抗菌　　　· 净化血液
· 防腐　　　· 促进血液循环
· 改善口腔炎症　· 改善高血压症状
· 改善牙周炎　· 改善糖尿病症状
· 健胃　　　· 排毒
· 改善胃溃疡　· 提高免疫力

【泡法】
把 1~2 茶勺的茶叶或者 1 个茶包放进茶壶里，倒入热水。冲泡至个人满意的浓度。

用料为在春夏之际采摘柔软的新叶。

肾草茶

在欧洲家喻户晓的高效美容茶

早在 100 多年前，肾草茶就已经在欧洲被当作民间药草使用了。它具备消化糖分和脂肪的作用，起到减肥、柔嫩肌肤的作用。

【功效】

· 减肥
· 美颜
· 利尿
· 防止水肿
· 预防高血压
· 抗过敏
· 预防膀胱炎

【泡法】

把 1~2 茶勺的茶叶或者 1 个茶包放进茶壶里，倒入热水。冲泡至个人满意的浓度。

纤长的花瓣独具特色。在马来语中，其名称是"猫的胡须"的意思。

黑豆茶

具备抗氧化作用，具备预防疾病以及美容效果

黑豆中含有花青素和大豆皂甙，具备抗氧化作用。这些成分也能有效预防动脉硬化等生活习惯病。另外，在防止肌肤衰老、降低中性脂肪方面也具有很高的效果。

把干燥的黑豆炒熟，研磨成粉末后泡饮。

【功效】

· 预防动脉硬化
· 预防低血压
· 预防高血压
· 清洁血液
· 美容
· 排毒
· 缓解便秘

【泡法】

把 1~2 茶勺的茶叶或者 1 个茶包放进茶壶里，倒入热水。冲泡至个人满意的浓度。

桑叶茶

有效预防和改善糖尿病，降低血压和胆固醇

桑树叶特有的DNJ成分，可以阻断葡萄糖的吸收、抑制餐后血糖快速升高，因此有预防糖尿病的功效。同时，桑叶也具备降低血压、降低胆固醇的作用，非常适合用来预防生活习惯病。

【功效】
· 抑制血糖上升
· 降低血压
· 利尿
· 消炎
· 镇咳
· 缓解便秘

【泡法】
把1~2茶勺的茶叶或者1个茶包放进茶壶里，倒入热水。冲泡至个人满意的浓度。

桑树根是一种被称为"桑白皮"的中药，可用于治疗哮喘。

月桃茶

日本冲绳的传统花草茶，能提高消化功能

原产于日本冲绳的月桃具备优越的抗菌、防腐作用。过去，月桃叶片常被用来包裹冲绳地区的传统点心。具有健胃效果，改善消化不良的症状。另外，还兼具祛痰的作用，对伴随咳嗽的感冒和支气管炎有特效。

月桃的叶片具有独特的香气，在冲绳也被用来辟邪。

【功效】
· 抗菌
· 防腐
· 健胃
· 改善胃胀
· 祛痰
· 改善支气管炎
· 改善高血压
· 降低血糖

【泡法】
把1~2茶勺的茶叶或者1个茶包放进茶壶里，倒入热水。冲泡至个人满意的浓度。

老鹳草茶

缓解腹泻、便秘，无须劳烦医生的民间草药

因为功效多种多样，在民间也被称为"医生无用"。更厉害的是，其作用能够立竿见影，所以从古至今都被当成民间的万能草药。无论是止泻还是调理肠胃，都能发挥作用。就连便秘也能有所缓解。

用来漱口，可以有效缓解咽喉肿痛等症状。也可以用毛巾蘸取茶水冷敷。

【功效】
· 改善腹痛、腹泻
· 缓解便秘
· 健胃
· 改善胃溃疡
· 预防高血压
· 改善生理痛
· 改善恶寒症状
· 改善口腔炎症
· 改善扁桃腺发炎

【泡法】
把1~2茶勺的茶叶或者1个茶包放进茶壶里，倒入热水。冲泡至个人满意的浓度。

棋子茶

富含乳酸菌，具有独特酸味的发酵茶

棋子茶因其像棋子一样的形状而被命名。这种茶的制法独特，属于发酵茶。具备调理肠胃活动的功效，富含乳酸菌，可以缓解便秘、促进减脂。

【功效】
· 调整肠胃
· 缓解便秘
· 减肥
· 防止肌肤干燥
· 防止老化

【泡法】
1块棋子茶（约2g）搭配1L水，煮后饮用。可以搭配柠檬片。

棋子茶是经过发酵的工艺制作而成的茶。

高丽人参茶

用于中药，具备卓越的滋养强壮功效

　　具备卓越的滋养强壮功效，在身体欠佳、食欲不振、易于疲劳、浑身无力的时候饮用，能有效改善全身的血液循环，让人恢复体力。另外，还能有效缓解精神紧张、消除压力、改善失眠症状。

*存在不适合饮用
人参茶的体质，请
特别注意。

【功效】

- 缓解疲劳
- 增进食欲
- 促进血液循环
- 消除精神紧张、
  缓解压力
- 安眠
- 健胃

- 调整肠胃
- 止泻
- 改善气短
- 改善健忘
- 防止老化

【泡法】

如果是干参片，可以放入 500mL 的水中，煮至半量水后饮用。如果是粉末状，可以在热水中搅匀后饮用。

苦瓜茶

植物性胰岛素，具备改善新陈代谢的效果

　　苦瓜独特的苦味来自瓜苦味素和野黄瓜汁酶，这些成分有助于降低血糖和胆固醇。苦瓜种子能促进脂肪燃烧，可以发挥减肥的功效。

【功效】

- 降低血糖
- 降低胆固醇
- 改善高血压
- 健胃
- 燃烧体脂肪
- 减肥

- 防止水肿
- 滋养强壮身体

【泡法】

把 1~2 茶勺的茶叶或者 1 个茶包放进茶壶里，倒入热水。冲泡至个人满意的浓度。

可以自己把苦瓜晾干以后泡饮。加入苦瓜种子一起饮用，能完美地摄取到苦瓜中所有健康成分。

香菇茶

集中摄取健康食材——香菇中的精华

干香菇中含有酸碱成分，有助于净化血液、降低胆固醇。香菇茶还能降低血压、缓解便秘。用香菇泡茶，能让我们集中摄取到其中的精华成分。

【功效】

- 改善高血压
- 预防骨质疏松
- 预防动脉硬化
- 预防心肌梗死
- 预防脑梗死
- 增强免疫力
- 缓解便秘
- 减肥

【泡法】

用热水冲泡干香菇的碎末，静置一晚，等待精华渗出后饮用。如果为速溶颗粒状，则可用热水调匀后直接饮用。

如果是自家晾干的干香菇，也可以碾碎后泡饮。

紫苏茶

对伤风感冒的初期，以及预防花粉症有疗效

气味清香，风格独特，有卓越的缓解身心紧张的功效。具备发汗作用，在刚开始感冒的时候疗效甚佳。紫苏的青霉素成分对抗过敏很有效，能对抗花粉症和过敏性鼻炎的症状。

别名苏子叶，可作为中草药服用。具有缓解感冒初期症状、镇静神经的作用。

【功效】

- 用于感冒初期
- 发汗
- 镇咳
- 放松
- 预防花粉症
- 改善过敏性鼻炎
- 解毒

【泡法】

把1~2茶勺的茶叶或者1个茶包放进茶壶里，倒入热水。冲泡至个人满意的浓度。

姜茶

温暖身体，缓解恶寒和伤风症状

生姜常被用在中药中。具备促进新陈代谢，温暖身体末梢神经的作用。生姜具有发汗作用，能有效缓解伤风和恶寒的症状。还能提高消化功能，调理肠胃，促进食欲。

【功效】

- 改善恶寒
- 促进新陈代谢
- 改善伤风感冒，缓解症状
- 消除疲劳
- 强化消化功能
- 增进食欲
- 解毒
- 杀菌
- 发汗
- 抗氧化

【泡法】

把 1~2 茶勺的茶叶或者 1 个茶包放进茶壶里，倒入热水。冲泡至个人满意的浓度。

带皮晾干，温热身体的效果更佳。

* 孕妇慎饮。

杉菜花茶

高效的利尿效果，有效缓解身体水肿

从古时候开始，其优秀的药效就被广而周知，常被煎成药汤来治疗泌尿系统疾病或出血症。利尿效果显著，能有效改善水肿、肾脏疾患、膀胱炎等症状。同时具用镇咳作用，可用于伴随咳嗽的感冒、扁桃体炎等疾病。

笔头草发芽以后，杉菜也会随之萌发。采摘夏季嫩叶泡饮。

【功效】

- 利尿
- 改善膀胱炎
- 缓解水肿
- 改善出血症
- 改善扁桃体炎
- 改善初期感冒
- 解热
- 抗菌

【泡法】

把 1~2 茶勺的茶叶或者 1 个茶包放进茶壶里，倒入热水。冲泡至个人满意的浓度。

荞麦茶

富含有益健康的芸香甙成分

选取中国云南省、西藏自治区的山岳地带生长的荞麦，其芸香甙成分是普通荞麦的数百倍。芸香甙具有预防糖尿病等生活习惯病，帮助缓解疲劳的功效。

最近，很多地方也开始进行有机荞麦的栽种了。

【功效】

· 预防糖尿病　· 美容
· 预防动脉硬化　· 增强免疫力
· 预防心肌梗死
· 改善高血压
· 缓解疲劳
· 改善皮肤干燥

【泡法】

把1~2茶勺的茶叶或者1个茶包放进茶壶里，倒入热水。冲泡至个人满意的浓度。

蒲公英茶

促进母乳分泌，味道优雅

春季里，蒲公英会在山野路边绽放可爱的小黄花。取其粗根泡饮，除了能提高肝功能以外，还具备降低血糖、降低血压、改善恶寒、利尿等作用。另外，能有效缓解乳腺炎、乳胀等症状，促进母乳分泌。

【功效】

· 增强肝功能　· 改善恶寒
· 降低血糖　　· 改善乳腺炎、
· 降低血压　　　乳胀
· 舒缓身心　　· 促进母乳分泌
· 缓解便秘
· 利尿

【泡法】

把1~2茶勺的茶叶或者1个茶包放进茶壶里，倒入热水。冲泡至个人满意的浓度。

把蒲公英的根炒熟，可以泡出有咖啡香气的茶汤。因为不含咖啡因，孕期妇女也可以正常饮用。

甜茶

甜茶中含有茶多酚成分，可有效对抗过敏反应

原产于中国云南省，属玫瑰科植物。从古时候开始，甜茶就被认为是有益于健康的茶而广为流传。最近，研究显示甜茶中含有的茶多酚成分能有效对抗过敏反应，因而备受瞩目。

甜茶的由来，正是因为茶汤中散发着醇美的甘甜。

【功效】

· 预防花粉症
· 抗过敏
· 预防过敏性皮炎
· 抑制鼻涕
· 抑制喷嚏
· 解热
· 增进食欲

【泡法】

把1~2茶勺的茶叶或者1个茶包放进茶壶里，倒入热水。冲泡至个人满意的浓度。

玉米茶

味道柔软甘甜，缓解水肿效果奇佳

玉米茶是韩国传统茶饮之一，炒熟的玉米香别具风味，具有利尿作用，适合用来缓解水肿。玉米须其实比玉米粒的药效更强，所以推荐把自然风干的玉米须拿来一起泡饮。

【功效】

· 利尿
· 缓解水肿
· 预防高血压
· 缓解便秘
· 降低血糖
· 预防动脉硬化
· 缓解疲劳
· 滋养强壮身体

【泡法】

如果是茶包，取1个茶包放进茶壶里，倒入热水。冲泡至个人满意的浓度。如果是干燥的玉米粒，可以煮后饮用。

玉米的所有部分都含有药效成分。

鱼腥草茶

具有卓越的利尿、抗菌、消炎作用，有效改善膀胱炎及尿道炎

鱼腥草具备缓解便秘和利尿的作用，香气独特。干燥以后，其独特的气味会减少很多。除了利尿作用以外，还具备抗菌、消炎作用，能有效缓解膀胱炎及尿道炎的症状。

【功效】

- 改善膀胱炎
- 改善尿道炎
- 利尿
- 防止水肿
- 缓解便秘
- 改善恶寒
- 消炎
- 抗菌
- 改善高血压
- 改善动脉硬化
- 缓解肩部不适
- 解毒

【泡法】

把 1~2 茶勺的茶叶或者 1 个茶包放进茶壶里，倒入热水。冲泡至个人满意的浓度。

用煎炒过的鱼腥草泡浴，能有效改善恶寒症状。

杜仲茶

能有效改善新陈代谢

中药处方中，常使用杜仲树皮。但我们在泡饮的时候，应该选用杜仲树叶。杜仲茶能抑制胆固醇吸收、净化血液、预防动脉硬化，另外还具备降低血压的功效。能改善血液循环，缓解肩部不适和恶寒症状。

杜仲是中国等地的原生落叶树，能有效缓解肥胖症状。

【功效】

- 促进血液循环
- 缓解肩部不适
- 改善恶寒
- 降低血压
- 滋养强壮身体
- 抑制胆固醇吸收
- 利尿
- 缓解水肿

【泡法】

把 1~2 茶勺的茶叶或者 1 个茶包放进茶壶里，倒入热水。冲泡至个人满意的浓度。

枣茶

具有增强体质、补气养血、安神定志等作用

　　酸甜的口味，也常被直接作为干果食用。具有改善贫血、缓解疲劳、补充体力的功效。另外，还具备改善恶寒、改善低血压的作用。在心情低落时能促进睡眠，建议在枣茶温热的时候饮用。

【功效】

· 滋养强壮身体
· 增强体力
· 改善恶寒
· 改善低血压症状
· 改善贫血
· 安眠
· 镇静神经
· 强化消化功能
· 增进食欲

【泡法】

如果是茶包，可以把1个茶包放进茶壶里，倒入热水。冲泡至个人满意的浓度。如果是颗粒状干枣，可以在锅中闷泡，以便提取有效营养成分。

具备防止老化等美容效果，在中国是日常食用的食品。

荨麻茶

具有祛风定惊、帮助身体对抗炎症的作用

　　荨麻，因为能有效缓解哮喘、花粉症、过敏性皮炎等过敏症状而闻名。另外，荨麻还有净化血液的作用，对关节炎、风湿病、痛风等有一定的缓解作用。可以改善血液循环、预防贫血，还能有效改善恶寒症状。

富含维生素A、B族维生素、维生素C，铁、钙、镁等矿物质。

【功效】

· 改善花粉症
· 改善特异性皮炎
· 改善哮喘
· 净化血液
· 改善贫血
· 改善关节炎
· 改善风湿病
· 改善痛风
· 改善恶寒
· 利尿

【泡法】

把1~2茶勺的茶叶或者1个茶包放进茶壶里，倒入热水。冲泡至个人满意的浓度。

扶桑茶

鲜红色的扶桑花也是天然的运动饮料

　　扶桑茶是将扶桑花的花萼用来泡饮的食用方法。鲜红的颜色，来自可以高效缓解视觉神经疲劳的花青素。清爽的酸味，来自维生素 C 和谷氨酸、苹果酸等成分，具备缓解疲劳和美容养神的功效。同时具备利尿作用，可缓解宿醉。

可以有效提高身体能量、消除疲劳，是一款久负盛名的纯天然运动型饮品。

【功效】
- 缓解疲劳
- 缓解视觉神经疲劳
- 改善视力
- 抗氧化作用
- 促进新陈代谢
- 缓解宿醉
- 美容
- 防止水肿
- 缓解便秘

【泡法】
把 1~2 茶勺的茶叶或者 1 个茶包放进茶壶里，倒入热水。冲泡至个人满意的浓度。

薏苡茶

促进新陈代谢，具备美容功效

　　由古至今，都作为可以去除瘊子、美容养颜的花草茶而备受瞩目。具有净化血液、促进皮肤中的陈旧物质排出等功效。富含具有养颜功效的 B 族维生素，有效缓解皮肤干燥、皮肤细纹等问题。有利尿作用，可缓解水肿症状。

【功效】
- 去除瘊子
- 缓解皮肤干燥
- 美容
- 改善特异性皮肤炎症
- 利尿
- 缓解水肿
- 促进新陈代谢
- 健胃
- 解热

【泡法】
取 1 个茶杯，放入 1~2 茶勺的茶叶或者 1 个茶包，倒入热水。冲泡至个人满意的浓度。如果用锅煮，则效果更佳。

除去薏苡麦皮以后，就是薏苡仁。薏苡仁是一种中药。

枇杷叶茶

调整胃肠状态，缓解疲劳

    古时候开始就被民间用来作草药。具有健胃作用，能缓解腹泻等肠胃不适症状。具有利尿作用，可缓解水肿。有提高新陈代谢、美容养颜的功效。种子也有一定药效，可以一起如茶泡饮。

起痱子或湿疹的时候，可以煮得浓一些，然后用毛巾蘸取后敷在患处。

【功效】

- 缓解疲劳
- 消热除痱
- 止泻
- 增进食欲
- 改善胃病
- 促进新陈代谢
- 利尿
- 缓解水肿
- 镇咳
- 改善哮喘
- 美容

【泡法】

把1~2茶勺的茶叶或者1个茶包放进茶壶里，倒入热水。冲泡至个人满意的浓度。

薄荷茶

清凉的香气，让人焕然一新

    清凉的香气独具特色。薄荷茶可以缓解紧张情绪，把不安的心情一扫而空。另外，薄荷茶还能促进消化。在暴饮暴食之后、胃痛胃胀的时候，可以饮用薄荷茶来缓解症状。

【功效】

- 缓解压力
- 安定神经
- 消除抑郁症症状
- 促进消化
- 杀菌
- 缓解疲劳
- 缓解晕车症状

【泡法】

把1~2茶勺的茶叶或者1个茶包放进茶壶里，倒入热水。冲泡至个人满意的浓度。

促进消化，清新口气，适合用来作餐后茶饮。

红花茶

温暖身体，调理月经

改善血液流动情况，能快速温暖身体，可以有效改善恶寒症状。另外，对生理痛、月经不调、更年期综合征等有显著改善作用。因为有促进子宫收缩的作用，孕期妇女慎用。

【功效】

· 促进血液循环
· 改善恶寒
· 改善生理痛
· 改善月经不调
· 改善更年期综合征
· 调理肠胃
· 缓解便秘
· 净化血液
· 预防动脉硬化
· 利尿

【泡法】

把 1~2 茶勺的茶叶或者 1 个茶包放进茶壶里，倒入热水。冲泡至个人满意的浓度。

红花色泽鲜艳的色素，也被用于口红或其他染料。

* 孕妇慎服。

红富贵茶

儿茶素能有效预防花粉症

原本是红茶品种，后被改良成绿茶，所以同时具备绿茶的清苦和红茶的浓香，极为难得。富含儿茶素，能有效抑制过敏反应，对花粉症有改善的功效。

红富贵茶虽然选取了红茶品种的茶叶，但是未经发酵处理。

【功效】

· 抗过敏
· 改善花粉症
· 改善特异性皮炎

【泡法】

把 1~2 茶勺的茶叶或者 1 个茶包放进茶壶里，倒入热水。冲泡至个人满意的浓度。

马郁兰茶

放松心灵，让人安然入睡的晚安茶

　　马郁兰有促进消化的作用，饭前饮用能增进食欲，饭后饮用能益于消化。放松神经的效果较高，能让亢奋的神经舒缓下来，让人平缓地进入睡眠。另外，马郁兰茶还有排毒功效。

【功效】
· 促进消化
· 健胃
· 增进食欲
· 安眠
· 排毒

【泡法】
把1~2茶勺的茶叶或者1个茶包放进茶壶里，倒入热水。冲泡至个人满意的浓度。

在古罗马，人们认为马郁兰叶子能给人带来平安和幸福，所以常被编织成婚礼花环。

* 孕妇、患有心脏疾病的人群慎用。

松叶茶

有净化血液的效果，可预防脱发

　　松叶中含有叶绿素、茶多酚和维生素，抗氧化作用、平稳血压及促进血液循环的效果显著。还可以促进头部血液循环，有效预防脱发。

富含维生素A、B族维生素、维生素C，铁、钙、镁等矿物质。

【功效】
· 抗氧化
· 预防高血压
· 降低胆固醇
· 预防动脉硬化
· 净化血液
· 促进血液循环
· 预防脱发
· 促进生发
· 防止老化

【泡法】
把1~2茶勺的茶叶或者1个茶包放进茶壶里，倒入热水。冲泡至个人满意的浓度。

马黛茶

营养价值超群，是在南美洲家喻户晓的茶饮

马黛茶是冬青科与大叶冬青近似的一种多年生木本植物，在南美洲家喻户晓。其营养价值高，有滋养强壮身体、缓解疲劳、强化肝功能等多重功效。它的香气独特，略苦。在南美洲，常与砂糖和柠檬搭配饮用。

马黛茶可以分为两种。一种是类似于绿色茶汤的绿色茶汤，另一种是充满烘焙香气的黑色茶汤。

【功效】
· 滋养强壮身体
· 缓解疲劳
· 强化肝功能
· 强化心脏功能
· 减肥
· 美颜
· 美化肌肤
· 利尿

【泡法】
把 1~2 茶勺的茶叶或者 1 个茶包放进茶壶里，倒入热水。冲泡至个人满意的浓度。

槭树叶茶

对各种眼睛问题均有疗效，是天然的眼药

槭树中含有对眼睛有益的成分，能缓解眼屎、角膜炎、迷眼、白内障等病症。作为茶饮日常服用，能提高肝功能，改善眼痒、眼干的问题。

【功效】
· 改善视觉疲劳
· 预防白内障
· 改善角膜炎
· 改善肝功能
· 改善高血压
· 利尿
· 抗菌
· 解毒

【泡法】
把 1~2 茶勺的茶叶或者 1 个茶包放进茶壶里，倒入热水。冲泡至个人满意的浓度。

枫科落叶乔木。也被称为"长寿树""千里眼树"。

雪莲果茶

从印加帝国时期开始就备受喜爱的药草

　　雪莲果是安第斯地区的原产球根菜，叶和茎都可入茶。富含具有健肠功能的叶绿素和钾，推荐有便秘问题的人群饮用。具有抗氧化功能的茶多酚，有效预防肠癌。

雪莲果原产于中南美洲的安第斯地区，属于菊科球根植物。

【功效】

- 健肠
- 健胃
- 缓解便秘
- 增强免疫力
- 减肥
- 预防肠癌
- 预防高血压
- 预防心肌梗死
- 预防糖尿病

【泡法】

把1~2茶勺的茶叶或者1个茶包放进茶壶里，倒入热水。冲泡至个人满意的浓度。

桉树叶茶

预防感冒、花粉症，有强大的消炎杀菌功效

　　经常与考拉一起出现的桉树叶，具有强大的杀菌、消炎作用，曾经被澳大利亚的原住民当作草药食用。抗病毒作用强大，对感冒、花粉症、支气管炎导致的咳嗽和咽喉肿痛、鼻塞等均有疗效。

【功效】

- 改善感冒症状
- 缓解流感症状
- 改善花粉症
- 改善喉咙肿痛
- 改善鼻塞
- 改善支气管炎
- 消炎
- 抗菌

【泡法】

把1~2茶勺的茶叶或者1个茶包放进茶壶里，倒入热水。冲泡至个人满意的浓度。

对于咽喉肿痛的症状，可以通过用凉桉树叶茶水漱口来缓解。

艾蒿茶

散发着春天香气的艾蒿茶饮，能对抗各种过敏反应

艾蒿被看作是一种能驱邪降魔的植物，可以有效抑制过敏反应，对抗特异性皮肤炎症。而且艾蒿还具有健胃、缓解感冒症状、缓解肩部不适、治疗腰疼、治疗痔疮、促进血液循环、缓解生理痛等多重效果。

【功效】

- 抗过敏
- 改善特异性皮肤炎症
- 健胃
- 改善感冒
- 消除肩部不适
- 改善出血症状
- 预防高血压
- 改善神经痛
- 改善恶寒
- 促进生发

【泡法】

把1~2茶勺的茶叶或者1个茶包放进茶壶里，倒入热水。冲泡至个人满意的浓度。

艾蒿也常被用来做草饼。采摘春季的嫩芽入茶。

树莓叶茶

安产花草茶——产前妈妈的安心茶饮

树莓叶茶在欧美是一款有名的"安产茶"，可以给妊娠后期到产前的妈妈带来惊喜的效果。生产期间饮用，可以缓解阵痛，促进子宫收缩，让生产过程顺利进行。产后饮用，具有促进母乳分泌的作用。

玫瑰科落叶灌木。叶片入茶后甘甜可口，可以在咽喉肿痛时饮用。

【功效】

- 预防产后大出血
- 缓解阵痛
- 促进母乳分泌
- 恢复产后体力
- 改善生理痛

【泡法】

把1~2茶勺的茶叶或者1个茶包放进茶壶里，倒入热水。冲泡至个人满意的浓度。

* 有促进子宫收缩的作用，妊娠初期慎用。

菩提叶茶

让心灵回归宁静，具有高效排毒效果的树木

对于菩提树来说，无论花朵还是树木都能被食用，而且功效各异。花朵的部分能缓解紧张的情绪，促进安眠。树木的部分有强大的利尿作用，具有排毒效果。

【功效】

花朵
- 消除紧张不安情绪
- 镇静神经
- 安眠
- 发汗

树木
- 利尿
- 排毒
- 消除水肿
- 强化肾功能
- 分解脂肪

【泡法】

把1~2茶勺的茶叶或者1个茶包放进茶壶里，倒入热水。冲泡至个人满意的浓度。

在欧洲，有让不安的小孩子饮用菩提叶茶的风俗。

路易波士茶

具有抗氧化作用，可有效对抗老化

原产于南非的路易波士茶，有高超的抗氧化作用，可以去除活性氧，有预防癌症、生活习惯病等功效。这种抗氧化作用，可以有效改善花粉症、消除特异性皮肤炎症等过敏症状。

路易波士茶中富含铁、镁、钾、钙等矿物质。

【功效】
- 抗氧化
- 抗过敏反应
- 改善花粉症
- 改善特异性皮肤炎症

- 促进新陈代谢
- 改善恶寒
- 抗老化
- 美颜
- 抗炎症

【泡法】

把1~2茶勺的茶叶或者1个茶包放进茶壶里，倒入热水。冲泡至个人满意的浓度。

柠檬草茶

促进消化，改善腹痛腹泻

　　味道酷似柠檬，香气温柔可亲。柠檬草是民族风味料理中不可欠缺的香料，同时可以改善肠胃状态、促进消化、改善胃胀等病症。柠檬草还具有杀菌作用，对腹痛、腹泻、感冒等均有疗效。还能帮助缓解疲劳。

与干燥柠檬草相比，新鲜柠檬草的味道更清香。

【功效】
· 促进消化
· 杀菌
· 改善腹痛
· 止泻
· 改善感冒
· 改善生理痛
· 缓解疲劳

【泡法】
把1~2茶勺的茶叶或者1个茶包放进茶壶里，倒入热水。冲泡至个人满意的浓度。

蜂蜜花茶

清爽的香气，让人气定神闲

　　蜂蜜花能让人心情平和，能缓解易于紧张、焦虑的情绪，有效改善失眠症状。蜂蜜花还具有发汗、抗病毒等作用，可以缓和感冒症状。同时有抗过敏的作用，能有效改善花粉症。

【功效】
· 改善抑郁情绪
· 改善焦虑
· 镇静
· 改善感冒
· 改善花粉症

【泡法】
把1~2茶勺的茶叶或者1个茶包放进茶壶里，倒入热水。冲泡至个人满意的浓度。

气味类似柠檬，清爽而温柔。但是没有酸味。

野蔷薇果茶

对抗皮肤老化及视觉疲劳，维生素含量爆表

野蔷薇果是野生犬蔷薇的果实，富含维生素 A、B 族维生素、维生素 C、维生素 D、维生素 E 和维生素 K 等多种营养成分。其中维生素 C 的含量约为柠檬的 10 倍。美颜效果绝佳，有缓解感冒症状和视觉疲劳的作用。

野蔷薇果，采摘自野玫瑰的一种——犬蔷薇。

【功效】	【泡法】
·改善皮肤干燥 ·美颜 ·预防感冒 ·预防贫血 ·改善视觉疲劳 ·缓解疲劳	如果是野蔷薇果，可以碾碎取 1~2 茶勺放入茶杯中；如果是茶包，可以直接把 1 个茶包放入茶壶中，倒入热水。冲泡至个人满意的浓度。

野树莓茶

味道清爽，调整肠胃和其他消化器官的活动

有益于消化系统，餐后饮用可以缓和胃肠炎和腹泻等症状。含有能够强化肝脏功能，提高肾脏功能的铁、钾、磷等成分，对肥胖、关节炎、风湿病等均有疗效。

【功效】	【泡法】
·改善肠胃炎 ·调整肠胃 ·止泻 ·增进肝功能 ·解热 ·防止肥胖	把 1~2 茶勺的茶叶或者 1 个茶包放进茶壶里，倒入热水。冲泡至个人满意的浓度。

是草莓近亲，从古时候开始就广泛种植，叶片经过干燥处理后可用来制作茶饮。

想了解更多的健康茶

人气正旺的健康茶品种

在健康第一的现代社会,

利用各种植物有效成分的新品种茶饮争相登场。

前文中介绍了多种健康茶,

除此之外,还有哪些健康茶品种值得特别关注呢?

可降低血压、缓解压力的"伽马酪酸茶"

伽马酪酸茶的"伽马",指的就是一种氨基酸。发芽玄米中含有这种成分,可以降低血压、缓解压力,近来已经加入到巧克力、饮料当中了。伽马酪酸茶通过对绿茶茶叶低温发酵、低温保存,提高了伽马的含量。茶的味道与绿茶类似,但伽马的含量则是绿茶的20~30倍。长期饮用,可实现降低血压、缓解压力的效果。

具有抗癌作用的"大喜宝茶"

大喜宝茶的茶叶采摘自生长在南美洲亚马孙地区的树木。古时候亚马孙的原住民认为，大喜宝树是"神灵赠予的树木"。这些原住民会煎炒树皮，然后把"大喜宝茶"当作健康之源来饮用。

最近，这种树皮中含有抗癌成分一事已经成为备受关注的话题。这种茶的抗癌功效，日后必将更受瞩目。

见仁见智的"苦丁茶"

苦丁茶是中国自古流传下来的茶饮，苦涩的味道极为强烈。虽然味道苦涩，但是不在唇齿间留存，后劲清爽甘甜。在中国，也把苦丁茶当成治疗感冒、头痛的药饮。最近，研究表明苦丁茶中含有促进血液流通、降低胆固醇的成分。虽然苦丁茶有强烈的苦味，但是，也有很多人格外钟爱苦丁茶的味道。如果有机会请尝试一下吧。

作者介绍

大森正司（OOMORI MASASHI）

　　生于 1942 年。1970 年毕业于日本东京农业大学研究生院。之后，担任过日本大妻女子大学讲师、助理教授的工作，现在担任日本大妻女子大学教授一职。专攻食品科学、食品微生物学领域。日常对于茶叶相关的科学、药效、茶汤工具、传统食品与健康等相关的科学文化进行调查与研究。除此之外，担任 NPO 法人日本茶普及协会理事长、NPO 法人日本茶速成协会副理事长等职务。著有多部作品并参与茶艺类图书的监制工作。

OISHII "OCHA" NO KYOKASHO
Copyright © 2010 by Masashi OMORI

First original Japanese edition published by PHP Institute, Inc., Japan.
Simplified Chinese translation rights arranged with PHP Institute, Inc. through
Shanghai To-Asia Culture Co., Ltd.

©2020 辽宁科学技术出版社
著作权合同登记号：第 06-2019-67 号。

图书在版编目（CIP）数据

茶书·如何轻松识茶、泡茶、品茶 / （日）大森正
司著；王春梅译 . — 沈阳：辽宁科学技术出版社，
2020.7

ISBN 978-7-5591-1590-4

Ⅰ . ①茶… Ⅱ . ①大… ②王… Ⅲ . ①茶文化—日本
Ⅳ . ① TS971.21

中国版本图书馆 CIP 数据核字 (2020) 第 074594 号

出版发行：辽宁科学技术出版社
　　　　　（地址：沈阳市和平区十一纬路 25 号 邮编：110003）
印 刷 者：辽宁新华印务有限公司
经 销 者：各地新华书店
幅面尺寸：170 mm × 240mm
印 　 张：10
字 　 数：200 千字
出版时间：2020 年 7 月第 1 版
印刷时间：2020 年 7 月第 1 次印刷
责任编辑：康 　倩
封面设计：魔杰设计
版式设计：袁 　舒
责任校对：徐 　跃

书 　 号：ISBN 978-7-5591-1590-4
定 　 价：55.00 元

邮购电话：024-23284502
E-mail:987642119@qq.com